Sina Trinkwalder

Fairarscht

Wie Wirtschaft und Handel
die Kunden für dumm verkaufen

Besuchen Sie uns im Internet:
www.knaur.de

Redaktionsschluss: Januar 2016
Originalausgabe April 2016
Knaur Taschenbuch
© 2016 Knaur Verlag
Ein Imprint der Verlagsgruppe
Droemer Knaur GmbH & Co. KG, München
Alle Rechte vorbehalten. Das Werk darf – auch teilweise – nur mit
Genehmigung des Verlags wiedergegeben werden.
Lektorat: Nadine Lipp
Covergestaltung: ZERO Werbeagentur, München
Satz: Adobe InDesign im Verlag
Druck und Bindung: CPI books GmbH, Leck
ISBN 978-3-426-78794-6

5   4   3   2

Für Magnus. In Liebe.

Inhalt

Prolog

Und nun übermittle ich Ihnen den Stein der Weisen; das glänzendste Geschäft in dieser Welt ist die Moral«, lässt Frank Wedekind (1864–1918) seinen Marquis von Keith im gleichnamigen Stück sagen. Das Geschäft mit der Moral ist heute in Deutschland ein Drama in unzähligen Akten.

Da wären VW und sein »Diesel-Gate«. Der Konzern frisierte die Abgaswerte seiner sauberen Diesel-Motoren-Pkws und lag teils um das Vierzigfache über den gesetzlichen Normen. Über Nacht wurde aus dem Saubermanngefährt eine Dreckschleuder. Ein absolutes Desaster in einer Zeit, in der (Achtung, Sarkasmus!) durch Unwetter und Hurrikane immer mehr Menschen von einer Bedrohung durch den Klimawandel überzeugt sind. Vor allem, wenn ein Tornado das Dach des Nachbarn mitten im spießbürgerlichen Schwaben abdeckt.

Medien feuerten dem Abgas-Alptraum ordentlich ein. Betrogene Kunden auf allen Kontinenten ließen die sozialen Netzwerke explodieren. Der Kurs des Konzerns büßte innerhalb einer Woche knapp 40 Prozent ein. Die Autobauer-Nation Deutschland wähnte sich am Rande eines ökonomischen Herzinfarkts. Während ein Politiker nach dem nächsten die »lückenlose Aufklärung« (das Buzz-Wort der Politiker) forderte, schrien Konsumenten und Konkurrenz nach »Transparenz«. Kurz darauf entdeckten die Journalisten, dass VW nicht der einzige Trick-

ser der Branche ist und dass die Politik längst Bescheid
wusste. Doppelt gelogen hält besser.

Mitnichten. Der Abgasskandal ereignete sich rund um
das 25-jährige Jubiläum der deutschen Wiedervereinigung.
In einer Anzeige verkündete der VW-Konzern, diverse
Danksagungen an Kunden, Handelspartner etc. vorgese-
hen zu haben, sich nun jedoch auf einen Satz zu beschrän-
ken: »Wir werden alles tun, um euer Vertrauen zurückzugewinnen.«

Ich fragte mich sofort: »Wieso zerstört ihr es dann zunächst?« Warum versprechen Handel und Industrie artig
und fein nach jedem Skandal, umgehend für Transparenz
zu sorgen, statt einfach vorher die Wahrheit zu sagen?

Ehrlich sein, die Wahrheit sagen – Charaktereigenschaf-
ten, die schon im Kindesalter verdammt schwer zu leben
sind, obgleich in diesem Lebensstadium der Wahrheit der
Lüge durchaus noch der Vortritt gegeben wird.

»Mama, das nächste Mal müssen wir unbedingt ein Foto
von mir machen, wenn ich wieder mit dir unterwegs bin«,
sagte mein Sohn als Drittklässler.

Wir waren wieder unterwegs. Nur wenige Tage später
kam mein Filius nach Hause, knallte den Schulranzen in
die Ecke, stellte sich vor mich und sagte mit vorwurfsvol-
lem Ton: »Jetzt hast du es! Hättest du ein Foto gemacht,
müsstest du nicht zu meiner Lehrerin!«

Ich konnte ihm nicht folgen. Er warf mir sein Haus-
aufgabenheft auf den Tisch und lief wutentbrannt ins Kin-
derzimmer. Ich hörte eine Tür knallen, während ich las:
»… bitte ich Sie, am Dienstag um 10.30 Uhr in meine
Sprechstunde zu kommen.«

»Frau Trinkwalder«, begrüßte mich seine Klassenlehrerin. »Wir müssen uns unbedingt unterhalten.«

»Natürlich«, dachte ich. »Wozu sollte ich sonst hier sein?«

»Frau Trinkwalder«, wiederholte die Lehrkraft, legte dann eine dramatisch-theatralische Pause ein, um die künstliche Stille mit pathetischem Ton zu durchbrechen: »In der zweiten Klasse habe ich das mit der Phantasie durchgehen lassen, Sie erinnern sich?«

Ich benötigte einen Moment, bis mir einfiel, dass mein Sohn im vergangenen Schuljahr einen einzigen Kommentar, der länger als zwei, drei Worte war, unter einem »Wie-war-dein-Wochenende-Aufsatz« nach Hause brachte. Der Erlebnisbericht handelte von einem Treffen zwischen Frau Merkel und meinem Sohn in Berlin. Vor einer Garderobe. Beim Nachhaltigkeitstag. Darunter stand in etwa: »Schön und flüssig erzählt, sicher im Wortschatz, politisch interessiert und viel Phantasie!«

Diesmal legte die Lehrerin mir das Aufsatzheft der dritten Klasse hin. Wieder so ein »Wochenende-Aufsatz«. Ich sollte ihn lesen, was ich tat.

Anschließend fragte ich: »Und was genau ist nun das Problem?« Die Lehrerin sah mich mit großen Augen an und erklärte mir in belehrendem Ton, dass derartige Phantastereien doch übers Ziel hinausschossen. Da wurde ich sauer. Und rot im Gesicht.

»Mein Sohn hat am Wochenende Herrn Steinbrück getroffen. In meiner Näherei. Und ja, er hat mit mir zusammen dem Kerl sogar den Gürtel enger geschnallt! Wenn Sie UNS das nicht glauben, gucken Sie in die Zeitung, da ist das dpa-Foto abgebildet!«

Mir wurde schlagartig klar, warum der Achtjährige Fotos einforderte: Ohne Beweis glaubt man ihm die Wahrheit nicht. Oder im Umkehrschluss: Wer den Beweis hat, ist Hüter der Wahrheit. Er bekommt Anerkennung und genießt Vertrauen bei allen, die ihn kennen. Das lernt man als Kind. Und nützt es als Erwachsener. In einer Forschungs- und Entwicklungsunit zum Beispiel. Oder in einer Marketingabteilung. Der einzige Unterschied zum Kindesalter ist: Man nützt das wertvolle Wissen nicht in seiner ursprünglichen Form, man *be*-nützt es. Für seine Zwecke. Für den Erfolg, den eigenen wie den unternehmerischen, kurz: um Geld zu machen.

Erfolg nämlich ist in unserer Gesellschaft gleichgesetzt mit Geld. Fragt man ein Kind, was es später werden will, erhält man die Antwort: »erfolgreich«. Auch im Jugendalter ist es keine andere. Hat der Erwachsene es »geschafft«, ist er beruflich erfolgreich, verfügt über eine ordentliche Menge Kohle. Eingetauscht gegen Privatleben, Zeit und Sinn. Mit der Wahrheit Geld zu machen ist aber eine denkbar schwere Aufgabe, vor allem wenn wir uns am Ende der Wohlstand-durch-Wachstum-Illusion befinden.

Fakt ist, dass 66 Jahre »soziale« Marktwirtschaft nicht spurlos an Marketingabteilungen vorbeigegangen sind. Heute findet sich in den Regalen alles, was man sich nur denken und nicht wünschen kann. Oder wie erklärt sich der »Lippen-Booster« – eine Art Saugnapf für den Mund, der mittels Unterdruck aus schmalen Lippen ein Gummiboot zaubert?

In einem derart übersättigten Markt löst Wahrheit weder Anerkennung, was gleichzusetzen wäre mit Umsatz, noch Vertrauen, also Kundenbindung aus.

Wie viele Diesel-Pkws hätte Volkswagen mit der Wahrheit verkauft? »Unsere Diesel sind zwar Dreckschleudern und wir haben keine Konzepte für die Zukunft, aber dafür haben sie bequeme Sitze und es gibt drei Sonderlackierungen inklusive Null-Prozent-Finanzierung« – mit solch einer fiktiven Wahrheitsaussage wäre kein einziger Wagen verkauft worden. Das Dumme nur: Nehmen wir an, die Research-&-Development-Abteilung ist einhelliger Meinung, dass da nichts mehr geht. Was tun? In diesem Fall ist guter Rat nicht teuer, sondern kurzum drei Stockwerke höher zu finden: bei den Werbern. Willy Millowitsch sagte einst: »Für jeden kommt einmal die Stunde der Wahrheit, und dann heißt es: Lügen, lügen, lügen!« Getreu diesem Motto wird nun fleißig an einer neuen Wahrheit gebastelt. Und an der Beweisführung gleich dazu. Da wird gefaked und geflunkert, besiegelt und zertifiziert und, wenn all dies nichts hilft, sich selbst ein Prädikat verliehen. Fotos für die Wahrheit? Photoshop!

Der Volkswagen-Konzern ist jedoch nicht der einzige, der seine eigene Wahrheit vermarktet. Zwei Tage später titelte die *Bild* »Mogelt Samsung beim Energieverbrauch?«, kurz darauf kam im TV eine Reportage über Biogemüse aus Italien, das gar keines war. Im Textil, der Branche, in der ich zu Hause bin, ist es längst kein Geheimnis, dass die Hersteller von Waschmaschinen schwindeln, um die geforderten Energieeffizienzstufen erreichen zu können. Sie betreiben »Greenwashing«, die Gradanzahl des gewählten Waschvorgangs stimmt nicht mit der eigentlich erzielten Temperatur überein: Es wird deutlich kühler gewaschen als die vom Benutzer gewählte Temperaturstufe.

Es wird also gemogelt, bis der Kunde selbst die firmeneigene, beweisgeführte und besiegelte Wahrheit anzweifelt oder gar widerlegt.

Vor geraumer Zeit hatte ich das Vergnügen, mit einigen Einkaufsverantwortlichen verschiedener Konzerne und Händler in Frankfurt zu dinieren. Frei heraus fragte ich in die Runde, warum ihre Firmen den Kunden so derart an der Nase herumführen, wenn es um die wahre Geschichte hinter ihren Produkten geht. Ich erläuterte einige Beispiele und fragte: »Warum lügt ihr eure Kunden an?«

Auf einmal waren sich alle am Tisch einig.

»Sina!«, sagte der Herr mir gegenüber. »Wo denkst du hin! Wir lügen unsere Kunden nicht an. Wir liefern ihnen, was sie wollen: sauber, sozial und billig. Und damit sie richtig Spaß haben mit dem Produkt, liefern wir eine schöne Geschichte dazu. Das ist nicht lügen. Das ist ein bisschen verarschen, mehr nicht!«

»Das ist nicht fair«, antwortete ich.

»Dann eben fair-arscht«, grinste mein Gegenüber. Und mit ihm die Runde, die das Glas auf den Witz erhob. Ich hingegen kam mir genauso vor.

Kunden wollen also verarscht werden, war die Essenz des Abends. Aber: Ist das die Wahrheit? Wollen Kunden wirklich fairarscht werden? Und wenn ja, wie werden sie verarscht? Was haben Kunden überhaupt zu wollen? Und was ist mit dem anderen Ende der Produktionskette, den Herstellern? Machen die mit beim Verarschen, oder werden sie ebenfalls hinters Licht geführt? Und wo bleibt eigentlich die Politik?

Ich machte mich auf die Suche nach Antworten. Und Wahrheiten. Mit diesem Buch.

WARUM
wir ticken, wie wir ticken

(Und uns für dumm verkaufen lassen.)

Früher war alles besser

Ich bin in einem Gasthaus groß geworden. Mit Viehhaltung und hauseigener Schlachtung, mit Ländereien, auf denen das Futter für die Tiere wuchs. Von Kindesbeinen an wusste ich ein gutes Stück Rauchfleisch von meinem Patenonkel Martin zu schätzen. Nicht weil es einst nichts anderes für mich gab, sondern weil es richtig lecker schmeckte.

BiFi – kannte ich damals nicht. Heute kenne ich das Produkt, esse es aber nicht. Dafür bin ich verzweifelt auf der Suche nach einem Stück Geräuchertem. Einer Scheibe schmierigen Specks, voller Ruß, das nach dem Räuchern noch Monate im Dachboden hängt und Zeit bekommt, geschmacklich zu reifen. Das aber gibt es nicht mehr. In den vergangenen 30 Jahren ist viel passiert. Zu viel für meinen Geschmack. Im wahrsten Sinne des Wortes.

Meine Erinnerungen an die heile Konsumwelt sind in den 70ern und Anfang der 80er eines auf dem Land aufgewachsenen Kindes begründet. Die Wurst kam vom Schwein, und mit dem habe ich vorher noch ordentlich gespielt (sofern die Sau es zuließ!). Selbst bei der Schlachtung durfte ich helfen und mit einer Wurzelbürste dem Tier die Borsten abschrubben. Oder das frische, noch warme und süßlich riechende Blut rühren, damit es nicht klumpte und später eine »sau«gute Blutwurst gab. Mit meiner Oma saß ich am Ofen und rupfte ein Hühnchen, das wir vorher im Stall geköpft und im Wamsler ausgekocht hatten. Das Holz für die Wärme im Küchenofen wie auch in der Stube holten alle Familienmitglieder an Samstagen aus dem eigenen Wald.

Einmal die Woche durfte ich mit meiner Raustetten-Oma in den »Gubi«. Einen Supermarkt. Dort wurde der Wocheneinkauf erledigt. Es kam all das in den Einkaufskorb, was nicht selbst hergestellt oder vom ansässigen Handwerker bezogen werden konnte. Viel war es nicht: ein paar Päckchen Backpulver, Orangensaft – und, daran kann ich mich heute noch zu gut erinnern, Schokolade. Mit ganzen Nüssen.

Kaffee wanderte ebenfalls in den Wagen. Oft hat meine Großmutter ihn nicht getrunken. Vielleicht war die Zeit, als es keinen gab, noch zu sehr in ihrer Erinnerung. Deshalb hieß es bei ihr immer »Bohnenkaffee«. Schließlich kannte ihre Generation auch noch Ersatz aus Zichorien und Getreide. Ein Haferl Bohnenkaffee war etwas Besonderes. Dafür setzte man sich hin, nahm sich Zeit für eine Tasse und genoss das schwarze Gold, ohne sich Gedanken über den Anbau und die Herkunft zu machen. Vielmehr blätterte man dazu in den Katalogen von Neckermann oder Quelle und suchte nach einem neuen Kleid, auf das man sparen wollte.

Das war Konsum Anfang der 80er auf dem Land. Es war jene Zeit, in der ich fünf Jahre alt war und Zitrusfrüchte nur zur Weihnachtszeit bekam und die Walnüsse in der Adventszeit doppelt genoss, weil man sich daran erinnerte, wie viel Arbeit darin steckte, die Nüsse zu sammeln, zu trocknen und zu knacken. Wochenlang schwarze Finger inklusive. Übrigens: Mandarinen und Orangen gab es nur im Winter, Erdbeeren im Juni, und Mangos kannte ganzjährig niemand in meiner Familie. Unter der Woche tollte ich in meiner Lieblingshose, die meine Mutter mir nähte, herum, und sonntags wurde das gute Gewand für den Gang in die Kirche angezogen. Es war die Zeit, in der Ernährung noch keine Wissenschaft, Bekleidung noch kein Fast Fashion und unser Konsum noch kein Moralgeschäft war.

Dann änderte sich vieles. Nahezu schlagartig. Vielleicht hing es mit dem Umzug in eine Kleinstadt zusammen anno 1985, vielleicht aber war es das aufkommende künstliche Konsumverhalten, das die Werbung zu schüren begann. Das Butterbrot in meiner Pausenbox wich dem Knoppers. Manchmal fand ich darin auch einen Fruchtzwerg (»So wertvoll wie ein kleines Steak«). Dazu kam täglich eine Banane, und der Kakao von der dorfeigenen Molkerei wurde durch Capri-Sonne ersetzt. Mandarinen und Orangen gab es auf einmal das ganz Jahr über. Die selbstgenähten Kleider taugten hingegen, wenn überhaupt, nur zum Fasching; wir gingen regelmäßig zu C&A oder K&L Ruppert in die Stadt einkaufen. Für jeden Tag eine gute Hose. Und ein paar T-Shirts, schließlich waren sie nicht teuer.

Sogar an die ersten Nahrungsergänzungsmittel kann ich mich erinnern: Weil wir Kinder unseren Eltern besonders am Herzen lagen und die Werbung ihnen dies tagtäglich im aufkommenden Privatfernsehen in Erinnerung rief, wurden wir jeden Morgen mit einem Löffel Multisanostol gequält.

Im Supermarkt um die Ecke fand sich nicht mehr nur Schokolade in Vollmilch oder mit ganzen Nüssen, es gab verschiedenste Sorten von mehreren Anbietern. Die Früchteauslage bot auf einmal einen völlig fremden Anblick: komische Gewächse mit Stacheln, grüne Sterne zum

Essen, Äpfel, die gar keine waren, sondern mit einem Löffel gegessen werden mussten, und Früchte, die fürchterlich stanken, aber gut schmeckten.

Die Metzgertheke, sofern der Supermarkt eine hatte, wurde abgebaut und gegen ein Selbstbedienungs-Kühlfach ausgetauscht. Dort reihten sich Wurst- und Fleischwaren, fein säuberlich in Plastik verpackt, nebeneinander. Weniger Service, dafür mehr Auswahl.

Wer noch weniger Service, kaum Auswahl, dafür aber unschlagbar billig konsumieren wollte, musste nur an den Stadtrand fahren: Die Discounter warteten dort bereits. Aldi und Lidl.

Was im Lebensmittelbereich ging, machte auch vor anderen Konsumgütern wie Bekleidung nicht halt. »Ende der 80er war Schicht im Schacht«, erzählte mir Raphael Wilhelm, der Nähmaschinentechniker meiner Firma manomama, mit der ich 2010 begann, wieder regional wertgeschöpfte und ökologische Textilien herzustellen. »Das, was noch hier produziert und genäht wurde, wanderte ab in den billigen Osten. Und dann nach Asien«, sagte er. Und von dort kam Mode containerweise. Und mit ihnen die kleinen Preise und die Modediscounter wie NKD und Takko.

Und heute? Heute ist aus einem ehrlichen Stück Rauchfleisch über den Umweg debil grinsender Fratzen im wiederverschließbaren Frischepack ein industrielles Erzeugnis aus Massentierhaltung geworden. Wer glaubte, die Gesichtsmortadella war ein schlechter Marketinggag eines artifiziellen Metzgers sollte bald schon eines Besseren belehrt werden: Bärchenwurst für alle.

Aktuell gibt es nicht nur verschiedenste Arten dieses tierischen Fleischerzeugnisses, es herrscht allgemein reinster Wildwuchs. Beispiel Bierschinken ohne Bier und ohne Schinken. Aus hundertprozentigem Hühnereiweiß. Ein Produkt höchster industrieller Lebensmittelchemie, fernab von dem, was mein Onkel unter »Wurst« verstand. Dafür ein Produkt (denn Lebensmittel wäre hier das falsche Wort), das für gut befunden und besiegelt wurde von irgendeinem der unzähligen Institute für ein gesünderes Wohlbefinden in einer besseren Welt. Und Siegel stehen in unserem heutigen Verständnis für Wahrheit. Und Wahrheit wird konsumiert.

Das Einzige, was heute eine Schutzatmosphäre genießt, wenn es um die Wurst geht, ist der Verpackungsvorgang selbst. Darin stecken Massentierhaltung, vollautomatisierte Industrieschlachtung, ausgebeutete Leiharbeiter am Zerlegeband und pfennigfuchsende Einkäufer des Lebensmittelhandels. Natürlich alles nur zum Wohl des Kunden, da ist sich die Kette einig. Schließlich hat sich der Konsument den Leberkäs zu 59 Cent für 100 Gramm gewünscht. Ebenso wie eine Reihe weiterer Produktentwicklungen: Spätzleteig in der Schüttelflasche, vorgeschälte Kartoffeln im Foliensackerl und pürierte Zucker-Fruchtbomben im Aluminiumpack zum Auszuzeln.

Als ob die immense Produktvielfalt, die innerhalb der letzten 25 Jahre entstanden ist, nicht genug wäre, gibt es heute diese Vielzahl an Produkten stets on top mit und ohne Allergene: glutenfrei, für Laktoseintolerante und, nicht zu vergessen, für künstliche Allergiker von tierischen Produkten: Veganer. Schließlich hat jeder Konsument neben seinen vielfältigen Wünschen mittlerweile sein Wohlstandszipperlein. Darüber freut sich die Wirtschaft, denn diese Zustände wollen umsatzträchtig gehegt und gepflegt werden.

»Wo sind die Schweine hin?«, fragte ich meinen Metzgersonkel vergangenen Sommer, als ich ihn besuchte.

»Die haben wir, wie alle anderen Tiere, längst aufgegeben«, erklärte er mir. Es wäre nicht mehr gegangen. Das Futter sei viel zu teuer. Die Bauern würden kein Getreide mehr anbauen, sondern ihre Äcker und Felder für Biogasanlagen nutzen.

»Da kommt alle sechs Wochen ein Lkw und mäht. Die haben keine Arbeit mehr und kriegen Geld dafür. Und Futter aus China importieren? Nein! Da höre ich lieber auf! Außerdem will der Kunde das nicht mehr bezahlen. Er hat doch gelernt, dass es das Kilo Hack für 99 Cent beim Discounter gibt!«

Kurz & bündig:
Innerhalb der letzten 50 Jahre ist aus dem Konsum für den täglichen Gebrauch, der Grundversorgung, bestritten durch viele kleine Handwerksbetriebe, ein globalisierter und industrialisierter Massenmarkt geworden.

Billig – das Henne-Ei-Problem

Die Worte meines Onkels klangen noch lange nach. Haben wir Kunden gelernt, dass Fleisch billig ist, oder haben wir es uns gewünscht? Und wurden die Preise unserer Wunschvorstellung angepasst? Wollten wir Kunden unbedingt günstige Kleidung, oder war für die Wirtschaft die Zeit einfach günstig, uns billige Fetzen in rauhen Mengen anzudrehen, die am anderen Ende der Welt andere teuer bezahlen mussten?

»Ein typischer Fall von Henne-Ei-Problem«, dachte ich mir und eine hervorragende Situation für Handel und Industrie, uns Konsumenten all das Schindluder, das sie treiben, in die Schuhe und in den Einkaufskorb zu schieben. Denn es geschieht alles zum Wohle des Kunden. Immer. Tagtäglich. Was aber eigentlich damit gemeint ist: Sie tun alles für Umsatz und Marktanteil. Schließlich wird von Unternehmen verlangt, dass sie wachsen. Das ist das Dogma, welchem unsere Wirtschaft zweifelsfrei unterworfen ist. Immer mehr, immer größer, ist die Devise. Nur: Der Konsummarkt ist gesättigt. Die Kundenanzahl wächst nicht mehr in Deutschland, das ist allen voran den rückläufigen Geburtenzahlen geschuldet.

Vor kurzem titelte die *WAZ*: »Aldi wächst nur noch im Ausland«. Nicht aber, weil sich deutsche Kunden vom Billig-Supermarkt abwenden. Schlichtweg aus dem Grund, weil unsere Heimat durch und durch discountisiert ist. An jeder Ecke reihen sich Aldi neben Lidl und Penny. Es gibt hier nichts mehr zu holen.

Der Kuchen ist längst verteilt, nur will das niemand wahrhaben. Und die wenigen in der Wirtschaft, die es realisiert haben, sind konzeptlos. In ihrem Prädikatsstudium der Betriebswirtschaftslehre an der Eliteuniversität hat ihnen niemand beigebracht, dass quantitatives Wachstum endlich ist. Zunächst müssen demnach die alten Mechanismen reichen, um das Wachstum und somit den Kunden bei Laune zu halten. Also wird regelmäßig erneut am Preis geschraubt, und zwar nach unten. Mit immer neuen Sonderangeboten, Aktionsofferten und Waren zum billigsten Preis versuchen Discounter uns zu locken und einen Marktanteil zu ergattern. Preisgetriebener Verdrängungswettbewerb nennt der Ökonom diese Situation.

Ich traue mich durchaus zu behaupten, dass nicht wir Kunden uns gewünscht haben, Produkte günstig zu bekommen, sondern dass es Wachstumsstrategie des Handels war und ist, uns mit billigen Preisen in die Geschäfte zu locken. Nicht der Konsument stand einst im Media-Markt, nahm den Marken-CD-Player und schrie an der Kasse: »Geiz ist geil! Deshalb nehme ich ihn zum halben Preis!« Der Elektrofachmarkt buhlte mit ebenjenem Slogan um Kunden und gab einer ganzen Ära eine Überschrift.

»Das ist absoluter Quatsch, Sina«, klärt mich Michael auf, ein guter Freund, der seit über 20 Jahren im Handel tätig ist. »Du gehst von dir aus. Aber wie viele Menschen können sich es überhaupt nicht leisten, Markenprodukte zu kaufen. Wir vom Handel bieten nur eine Auswahl: günstige Eigenmarken wie hochpreisige Markenartikel. Wir werden nur dem Kundenwunsch gerecht!«

»Natürlich ist es richtig, dass es zahlreiche Leute gibt,

die nicht das Budget zur Verfügung haben«, erwidere ich. »Aber sei ehrlich: Wer braucht ständig neue elektronische Geräte, Unmengen an Essen und wöchentlich neue Kleider? Lieber weniger kaufen, dafür etwas Gutes. Etwas Süßes war in meiner Kindheit eine absolute Besonderheit, und heute leiden die Kleinen an Fettleibigkeit vor lauter Zuckerschlecken. Das ist die Realität, aber die passt nicht zu deinen Umsatzwünschen! Die Billigschiene ist doch ein Teufelskreis nach unten. Wir verlagern gute Arbeitsplätze ins Billiglohnland, reduzieren hier die Kaufkraft und hinterlassen bei uns Millionen Arbeitslose oder prekär Beschäftigte. Diese können dann deiner Argumentation nach nur beim Discounter einkaufen. Der wiederum bietet Produkte an, die in Billiglohnländern unter übelsten Bedingungen gefertigt werden. Das ist durchgereichte Ausbeutung, Michael!«

»Das ist globalisierte Wirtschaft, liebe Sina!«, antwortet Michael. »Und so schnell ändert sich daran nichts!«

Letzteres stimmt, hängt das Wohl und Wehe einer Managerkarriere nun mal von Quartalszahlen ab. Aber: Eine echte Änderung in der Wirtschaft braucht Zeit, und die gibt es nicht. Selbst die Leistungsfähigkeit unserer Gesellschaft wird in Zahlen bemessen: im Bruttoinlandsprodukt. Wieso also sollte eine grundlegende Änderung stattfinden, wenn die Rahmenbedingungen dagegensprechen?

Dennoch wollte ich nicht glauben, dass wir Kunden uns das »billig« gewünscht haben. »Schau mal auf einen Aldi-Parkplatz«, warf ich bockig in die Runde. »Und dann sage mir noch einmal, dass sich all die S-Klasse-Fahrer und BMW-Besitzer billig gewünscht haben!«

»Die haben sich das besonders gewünscht«, grinst Michael. »Irgendwo muss man sparen, wenn man einen teuren Luxusschlitten finanzieren möchte!« Ich verstand, dass die Preisdiskussion mit einem alten Handelshasen sinnlos war. Wir einigten uns darauf, dass der Handel den Preis als klares Instrument für das Gewinnen von Marktanteilen nutzte und nutzt und der Kunde schnell lernt.

Es vergingen einige Tage, und ich betrat zu Recherchezwecken zum ersten Mal in meinem Leben einen Aldi und Lidl. Normalerweise besorge ich meine Lebensmittel im Biosupermarkt oder auf dem Markt. Aus Prinzip. Und weil ich es mir leisten kann. (Nur nebenbei erwähnt: Die Menge an Lebensmitteln, die von manchen Kunden in einem Discounter eingekauft werden, kann ich mir im Biomarkt auch nicht leisten!)

In den Discountern staunte ich zunächst, wie voll die Wagen der Kunden waren. Bis oben hin und kunstvoll drapiert. »Wer soll das alles essen?«, fragte ich mich. Aber mehr noch. »43,15 Euro macht das dann«, sagte die Kassiererin der jungen Dame, die vor mir die zwei Meter Kassierband vollpackte und anschließend den vermeintlichen Monatseinkauf für eine achtköpfige Familie bezahlte.

Wie kann das nur so billig sein? Ich ging erneut durch die Gänge und schüttelte nur noch den Kopf: Butter für 49 Cent, der Joghurt in Bioqualität: 29 Cent, Fairtrade-Tee: 1,59 Euro, regionaler Riesling in der 1-Liter-Flasche: 2,29 Euro. Ich entschloss mich, nichts zu kaufen und wortlos die Kasse zu passieren. Mein Bauch entschied für mich.

Als Produzentin weiß ich, wie viel Arbeit in der Wertschöpfung eines Produktes steckt, und ich konnte mir zahlreiche Preise schlichtweg nicht erklären. »Das können wir Konsumenten uns einfach nicht gewünscht haben!«, dachte ich mir. Und ich tat meine Zweifel auf Twitter kund. Eine junge Dame gab mir recht. Sie schrieb: »Ich find's auch scheiße, das ist alles viel zu billig, aber ich kann mir nichts anderes leisten!« Eine Verurteilung von Konsumverhalten lag und liegt mir fern, und so bekundete ich Verständnis für ihre Situation. Bis zu einem Tweet einige Tage später. Dieselbe junge Frau, die nach eigenen Angaben aus finanziellen Gründen gezwungen war, billig einzukaufen, schrieb: »Fünf Hosen im Zalando-Warenkorb. Klick – guter Tag!«

Ich war stinksauer. Nicht über die junge Frau, sondern darüber, dass Michael recht hatte: Der Kunde wünscht sich billige Produkte, um sich mehr leisten zu können. Und der Handel hat ihn auf den Geschmack gebracht. Übrigens: Fünf Hosen habe nicht einmal ich als Textilherstellerin in meinem Schrank. Zwei reichen.

Ich las den Artikel der *WAZ* über Aldi komplett durch. Der Discounter-Markt in Deutschland sei zum Stillstand gekommen, war dort zu erfahren.

»Irgendwann sind die Preise am Boden, da geht nichts mehr«, erklärte Michael. »Schau, ich erkläre es immer so: Der Thomas hat Wimmerl im Gesicht. Aber jetzt kriegt er keine mehr. Warum? Weil er keinen Platz mehr hat! So ist es auch mit den Discountern. Die stehen an jeder Ecke. Da ist kein Platz mehr.«

Zudem hätten die Qualitätssupermärkte mit Eigenmarken, die im Preis ähnlich den Discountern gestellt seien, geantwortet. »Billiger als 28 Cent für den Liter Milch kann man nicht einkaufen«, sagte er. »Aber jeder weiß, dass für das Geld, wofür du einkaufst, kein Bauer kostendeckend produzieren kann!«, erwiderte ich. »Das ist der Markt, Sina. Angebot und Nachfrage!«

Der Preisverfall der Milch zum Beispiel war abzusehen. Er ist einer rücksichtslosen Subventionspolitik, der Effizienzoptimierung von Milchkühen und der damit verbundenen enormen Überproduktion geschuldet. Es ist das Resultat einer auf blindes Wachstum gerichteten Wirtschaft.

Die Generation meiner Eltern kannte und spürte bereits in den 70ern die Probleme einer respektlosen, kapitalistisch ausgerichteten Erzeugerwirtschaft: In den Nachrichten wurde von Butterbergen und Milchseen berichtet. Es waren die gefürchteten Landschaften der westlichen Wohlstandsökonomie. Man versuchte der systemgeschuldeten Überproduktion mit steigendem Export in Entwicklungsländer und mit politisch auferlegten Milchquoten und Bußgeldern bei Verstößen innerhalb der EU gegenüberzutreten.

Weil aber weniger oder besser produzieren in einer Ökonomie, die ausschließlich an Wohlstand durch quantitatives Wachstum glaubt, keine Alternative darstellt, wurde nicht der Ausweg, sondern ein anderer Weg des Weitermachens gesucht – und gefunden: viel in Variation.

Kurz & bündig:
In dem völlig saturierten Massenmarkt war das erste Instrument, Marktanteile im verdrängenden Wettbewerb zurückzugewinnen, die Preisschraube. Immer mehr Ware für immer weniger Geld.

Viel in Variation und immer verfügbar

Als ich Kind war, gab es Joghurt in drei Sorten: Erdbeere, Himbeere und Waldfrucht. Von mir aus hätte Erdbeere alleine gereicht. Himbeere war immer schon die schlechte Alternative für mich, und Waldfrucht verabscheue ich bis heute. Und: Alles war besser als der selbst angesetzte Naturjoghurt meiner Mutter, die in einem Plastikkübel bei Zimmertemperatur frische Milch vom Bauern und ein paar Bakterien zusammenschüttete und die gesamte Familie mit ihrem lokal erzeugten Bioprodukt trietzte.

Heute würde ich ihn anders schätzen. Nicht zuletzt, weil bei aller Sortenvielfalt das Ursprüngliche verlorengegangen ist. Um uns Kunden in die Geschäfte zu locken, mussten Industrie und Handel zunächst schlichtweg jeweils bessere Preise anbieten. Irgendwann gab es nichts mehr zu sparen, und ein neues Konzept musste her: Vielfalt.

So begann Ende der 90er Jahre ein enormer Ausbau der bisherigen Produktpalette durch die Markenhersteller. Bleiben wir beim Joghurt. Zu Himbeere, Erdbeere und Waldfrucht, den drei roten Säulen der Milchwirtschaft, gesellten sich Mango, Papaya, Stachelbeere und Nuss. Später kamen noch saisonale Produkte wie Zwetschge-Zimt und Lebkuchen-Anis dazu. Selbstverständlich in Low-Fat, No-Fat und Doppelrahmstufe. Mit weniger Zucker und mehr Süßstoff. Im 200-Gramm-Becher oder als Familienpackung.

Die Ideen, einen Joghurt an den Konsumenten zu bringen, schienen nicht auszugehen. Und sie schienen aufzugehen: Die Umsätze wuchsen. Das Neue wollte probiert werden. In regelmäßigen Abständen wurde seitens des Handels und der Industrie auch für Neues gesorgt. Immer mehr Regalmeter wurden gebraucht, um dem Kunden das besondere Einkaufserlebnis zu vermitteln: das totale Chaos nämlich. Aus: »Nehmen wir den oder den?« wurde: »Verdammte Hacke, wie sollen wir uns nur entscheiden bei so viel Auswahl?«

Es begann der Wandel von der ausgewogenen Grundversorgung in den völlig sinnlosen Produktvarianten-Überfluss, das Weichen von der übriggebliebenen Qualität, die uns noch schwach im Hinterkopf aus Großmutters Zeit übrigblieb, durch weitere maßlose Quantität, der Verlust von Rücksicht und Moral für noch mehr Markt und Wachstumswürze.

Kurz: der Weg von der einfachen Gelbwurst, die wir als Dreijährige in der Fleischerei um die Ecke von der freundlichen Metzgereifachverkäuferin über den Tresen gereicht bekamen, über die Petersilien-Gelbwurst im Naturdarm aus dem Qualitätssupermarkt, die vollwertige im Plastikdarm im Reformhaus, die mit weniger Beta-Carotin, die für Allergiker geeignete glutenfreie Gelbwurst ohne alles, die fettarme Gelbwurst, das Low-Carb-Würstchen in »Gelb« bis hin zur heutigen keimfrei in Plastik eingeschweißten Selbstbedienungs-Vegetarier-Gelbwurst vom Discounter, die überhaupt keine mehr ist und eigentlich »Weißwurst« heißen müsste, weil der Dotter der zig Hühnereier pro Kilo vegetarischer Wurst, dafür überhaupt nicht verwendet wird.

Mit dieser Entwicklung vom ursprünglichen Produkt hin zu einem hochgezüchteten Variantenmix blieb das Eigentliche des Konsumguts auf der Strecke. Die Lebensmittelchemie und die Umsätze von Hersteller und Handel hingegen florierten.

»Polemik! Das ist doch ein überspitzter Einzelfall«, rief ein Vertreter auf einem Handelskongress dazwischen, als ich exakt eben Geschildertes erzählte. »Nein«, antwortete ich, »empfinde ich nicht!«

Welches Produkt wir uns auch herauspicken, es erfuhr in den letzten 30 Jahren eine enorme Entwicklung an Qualitätseinbuße in Bezug auf Zutaten und ein künstliches Wachstum durch sinnlose Variantenvielfalt. Wie eben mein heiß geliebter Erdbeerjoghurt. Vom einfachen Naturjoghurt mit einem Löffel selbstgemachter Marmelade entwickelte sich das Produkt hin zu unzähligen Varianten, mal mit bodenseitiger Fruchteinlage, mal vorab gemischt, mal zuckerfrei, mal fettarm, mal mit sonnengereiften Erdbeeren »echt italienisch«, mal mit geschmacksgetränkten, naturidentisch aromatisierten Sägespänen für den kleinen Geldbeutel. Und für den großen mit Biofrüchten aus Nachbars naturbelassenem Schrebergarten. Natürlich zertifiziert und kontrolliert.

»Na ja,« fügte der Kongressbesucher hinzu. »Sie mögen in der grundlegenden Sache recht haben, aber!«, und er streckte den Zeigefinger unterstreichend in die Höhe, »wir von Handelsseite bedienen Bedürfnisse. Wir erfüllen ausschließlich die Erwartung des Kunden! Der Kunde gibt vor, was in den Regalen zu finden ist! Und die Industrie liefert uns, was unsere Kunden wünschen. Wir sind quasi nur Bindeglied zwischen Hersteller und Konsument!«

Diese Leier kam mir bekannt vor. Die Einkäufer vom Frankfurter großen Fressen, dachte ich. Diesmal aber klang es nicht überheblich, es klang hier fast schon wie eine Entschuldigung. Eine feige Entschuldigung, die dazu diente, sich aus der Verantwortung zu stehlen. Selbst der Einkaufsverantwortliche einer regionalen Supermarktgesellschaft, den ich übrigens sehr schätze, gab zu: »Verantwortung will niemand mehr im Handel übernehmen. Da können Sie das ökologischste, sozialste und beste Produkt haben, der Einzelhändler listet das nur, wenn die Marge stimmt und die Abverkäufe in kürzester Zeit bombig sind. Andernfalls fliegt es sofort aus dem Regal, denn Platz ist Geld!«

Der Handel sieht sich also nur als Handlanger für »die«. Aber: Wir alle – Hersteller, Handel und Konsumenten – sind »die«. Die Wirtschaft. Das machte mich wütend. Gleichzeitig erinnerte es mich an mein Treffen mit Paul-Heinz Wesjohann, dem Hühnerpapst von Wiesenhof. Dies kam zustande, weil ich dem Seniorchef nach einer TV-Sendung, die über inakzeptable Zustände in seinen Zulieferställen berichtete, einen offenen Brief im Internet adressierte. Scheinbar waren meine Worte so speerspitz, dass er sich ernsthaft getroffen fühlte und ein Gespräch suchte.

Gemeinsam rupften und kochten wir ein Hühnchen, er seinen Wiesenhof-Gockel, ich einen Biohahn. Auf meine Frage, warum Wiesenhof nicht auf »bio und öko« umstelle, antwortete der Gründer des größten Geflügelunternehmens Deutschlands: »Weil die Kunden das nicht wollen. Weil sie es nicht kaufen!«

Wesjohann fuhr fort und informierte mich, dass eine

nicht unerheblich geringe Menge an Biohühnchen, die kurz vor dem Mindesthaltbarkeitsdatumsverfall stehen, in die konventionelle Vermarktung geführt und dort dann auch verkauft werden. »Wenn Sie einen Kunden im Markt fragen, ob er lieber konventionell oder bio kauft, werden Ihnen alle sagen: BIO! An der Kasse ist es dann nicht mal mehr einer, der wirklich zum Tierschutzhühnchen greift!«, sagte der Hühnerpapst abschließend beim gemeinsamen Essen.

Das ist die Wahrheit eines Industriellen, die er mir erzählte. Und ich wunderte mich. Komischerweise bestätigten auf Nachfrage Verbände des ökologischen Landbaus exakt das Gegenteil. »Das ist doch blanke Lüge«, erzählte mir Dirk Vollertsen von Bioland. »1000 Prozent Zuwachs bei Bioland-Masthähnchen allein in Bayern zwischen 2012 und 2014. Das sind gerade einmal zwei Jahre!«, erklärte er. Zuwachsraten, von denen der konventionelle Markt nur träumen kann. Wieder eine Wahrheit. Aus einem anderen »Lager«.

Nüchtern betrachtet stehen laut *agrarheute* 1,17 Millionen Tonnen (das entspricht bei einem Schlachtgewicht von ungefähr zwei Kilogramm etwa 600 000 000 Hühnchen) konventionell produziertes Hühnchenfleisch gegenüber 630 086 (in Worten »sechshundertdreißigtausendundsechsundachtzig«) Bioland-Masthähnchen. Deutschland, 2014. Das ist noch nicht einmal ein Tropfen auf den heißen Stein. Und zwei Wahrheiten. Dazwischen stehen wir: die Kunden.

Dennoch muss ich festhalten, dass sinngemäß dieselbe Antwort aus der Industrie wie vom Handel kam: Der Kunde habe es in der Hand, dessen Wunsch sei der Befehl an Handel und Industrie. Mit dem Kauf bestätigt der Kunde dem Handel und der Industrie seinen Willen. Was er nicht kauft, will er nicht. Ganz einfach. Das ist die Wahrheit von Handel und Industrie. Man könnte es auch süffisant als selbstgeschaffenes Glaubenssystem bezeichnen. Unsere Wirtschaft sieht Profit und Wachstum als einzigen Zweck des Seins und Schaffens und schnitzt sich die Märkte, wie sie sie benötigt.

Als die Sache mit der Preisgebung durch war und »Geiz ist geil« uns Kunden langsam zu langweilen begann, fing man an, Varianten auf den Markt zu schmeißen, dass die Regalböden krachten. »Jeder unserer Selbstbedienungsmärkte verfügt über 70 000 verschiedene Artikel«, berichtete mir ein Corporate-Social-Responsibility-Manager stolz. Aber – wer braucht das? »Der Kunde nicht«, erklärt mir Michael. »Aber wir im Handel. Für mehr Umsatz.«

Allzeit bereit

Billige Preise und Varianten ohne Ende prägten und prägen unseren Konsum. Aber auch das ließ die Kunden nach einer Weile nicht mehr Geld ausgeben.

»Der Mensch ist ein Gewohnheitstier. Er probiert schon einmal aus, aber am Ende kehrt er wieder zum Altbekannten zurück«, sagt Michael, »da mussten wir ansetzen.«

»Vorher mussten wir Kunden uns es aber doch wünschen«, sage ich und sehe ihn fragend an.

»Richtig«, entgegnet er lächelnd. »Wenn du es siehst, wünschst du es dir auch!«

Der Ansatz ist denkbar einfach: Man bietet das, was der Kunde gerne hat, immer an. Und damit geht das letzte Stückchen Wertschätzung für ein Produkt und seine Wertschöpfung flöten.

Coffee to go

Setzte sich meine Oma wie bereits erwähnt noch hin und nahm sich Zeit für eine Tasse frisch gebrühten Bohnenkaffee, springt meine Generation schnell zu Starbucks, holt sich für völlig überteuertes Geld einen Kaffee im Pappbecher und hetzt weiter. Die schnellen Euros sind gemacht, und Verfügbarkeit lautet das Zauberwort.

Der Coffee to go des Lebensmittelhandels ist die frische Erdbeere im November. Oder der Spargel im Februar. Die Flugmango, mittlerweile ganzjährig. Der Schokohase ab Januar und der Noisette-Nikolaus bereits Mitte Juni. Nürnberger Elisenlebkuchen? Dauerbrenner im Knusperregal!

Nur vereinzelt »spielen« Hersteller mit der produktspezifischen Verfügbarkeit und führen den Kunden sauber an der Nase herum. So glauben ganze Generationen, dass die jährlich wiederkehrende Plazierung von Ferreros Mon Chéri im September der stets frisch geernteten Piemont-Kirsche und ihrer sofortigen Verarbeitung in die Schnapspraline geschuldet ist.

Allein bei dieser Geschichte werden sich die damaligen Marketingverantwortlichen heute noch ein paar beschwipste Früchtchen gönnen und ihren Kundenverarschungserfolg jährlich feiern. Die Piemont-Kirsche kommt gar nicht aus Italien, wie man meinen könnte, sondern aus Chile und Polen. Vielmehr brauchte man eine gute Ausrede, um als Schokoladenprodukt über die heißen Sommermonate nicht das teure Kühlregal im Handel mieten zu müssen. Mit der »Erntepause« wurde und wird Kunden anschließend absolute Frische des neuen Mon-Chéri-Jahrgangs in der Werbung vermittelt. Etwas später, im Oktober oder November, greifen wir dann wieder zu, denn: ENDLICH gibt es sie wieder. Die tiefgekühlten Kirschen aus den letzten Jahren (alleine um sich vor Ernteausfällen zu wappnen und für die vom Handel geforderte Lieferfähigkeit geht es für die Früchte nach der Ernte ab in den Froster und dann erst in die Praline), gegossen in billigen Schnaps und umhüllt von unfairer Schokolade. Scheißegal – wir haben sie dank cleverer Werbung richtig vermisst. Außerdem lassen sich die düsteren Novembertage und die stressige Vorweihnachtszeit mit ein paar Mon Chéris gleich viel besser ertragen. Ab in den Einkaufswagen. Die Erdbeeren gleich hinterher.

»Würden wir frische Erdbeeren nicht rund ums Jahr anbieten, ginge das mit …«

»Lass mich raten: Kundeneinbußen einher?«, unterbreche ich Michael.

»Richtig, Kundenverlust«, erklärt er mir die Sache mit der Saison. »Der Kunde sieht das woanders und geht dann dorthin. Wir müssen also das Sortiment nicht nur voll und verfügbar, sondern auch umfangreich übers ganze Jahr halten.«

Für mich, wie für viele andere, gibt es wohl nur einen einzigen Grund, der frische Erdbeeren im November legitimiert: die Speisegelüste schwangerer Frauen. Das war's dann aber auch. Ich konnte das schlichtweg nicht glauben, dass Kunden, die im November keine Erdbeeren im Qualitätssupermarkt vorfinden, den Laden gänzlich meiden.

»Aber im Biosupermarkt geht das doch auch, dass Erdbeeren nur zur Saison im Regal stehen«, entgegne ich.

»Das ist richtig, Sina«, antwortet Michael. »Weil du im Biosupermarkt die Kunden hast, die eine andere Erwartungshaltung haben, nämlich ökologisch, regional, biologisch, saisonal.«

Und dem Anteil an abgesetzten Bioprodukten zufolge sind es nicht viele Konsumenten, die so denken: rund 5 Prozent.

Um die Ecke meiner Näherei ist ein Qualitätssupermarkt. Und ich tat, was ich immer tue: mit den Menschen reden. Im November. Abteilung: Früchte und Gemüse. In zwei Stunden haben drei Frauen zu frischen Erdbeeren gegriffen. Für den Irrsinn um die Jahreszeit keine schlechte Quote, dachte ich mir.

Alle drei habe ich angesprochen, nachdem sie das graue Pappkörbchen mit frischen Erdbeeren in ihren Einkaufswagen gelegt hatten. Die Antworten waren bei zweien verblüffend ähnlich. Dame Nummer eins sagte: »Och, die standen hier so anregend herum, duften gut und haben mich einfach angemacht. Und bei 2,49 Euro für die Jahreszeit kann man nicht meckern fürs Pfund!« Nummer zwei gab Ähnliches von sich: »Ich liebe frische Erdbeeren und ich hatte die Idee, heute Nachmittag einen Erdbeerkuchen für meine Familie zu machen. Ein bisschen den Sommer zurückholen.« Sagte sie und lächelte. Nur die dritte Dame war sichtlich pikiert, als ich sie fragte, warum sie um die Jahreszeit Erdbeeren in ihren Einkaufskorb legte. Entschuldigend schilderte sie, dass sie die Beeren eigentlich nicht bräuchte, aber wenn sie heute niemand kaufen würde, wären sie morgen kaputt und all der Aufwand und die Logistik umsonst. In einem waren sich alle drei einig: Sie hätten keine Erdbeeren gekauft, wären sie nicht angeboten worden. Appetit auf Erdbeeren war nicht gegeben, aber sie wurden trotzdem konsumiert.

Mit meiner Erkenntnis konfrontierte ich Michael erneut. »Lass dir sagen, das ist Käse!«, erwiderte er auf meine Erzählungen. »Klingt halt schöner, dich vollzusülzen, als sich einzugestehen, dass man gerne etwas kauft, was um die Zeit nicht korrekt ist. Hat auch etwas damit zu tun, zeigen zu können, dass man es sich leisten kann!«

Am Abend ging ich selbst noch in meinen Biosupermarkt einkaufen. Als ich im Frischebereich war, traf mich der Schlag: frische Erdbeeren. Aus Afrika. Und sie wanderten in die Einkaufskörbe. Endlich hatte Michael mit seiner Erklärung, in Biomärkten wäre alles ganz anders, einmal nicht recht. Aber es war kein Grund zur Freude.

Immer volle Kanne!

Was auch immer in unseren Einkaufswagen wandert, wo auch immer wir ein Geschäft betreten – die Regale sind immer voll. Leere Regale kennen wir seit der Wiedervereinigung nicht mehr. Besucht man eine dieser Fast-Fashion-Filialen, kommt es einem fast so vor, als müsste man Kleidungsteile aus der Enge durch Kauf befreien.

Das sollen wir auch nicht anders kennen, weil Kunden dann nicht mehr beherzt zugreifen, weiß ich von Michael. Wie von Geisterhand wird über Nacht immer alles proppenvoll gefüllt. Keine Lücken. Niemals. Wir Konsumenten dürfen keine ungefüllte Verkaufsfläche sehen, denn schließlich scheut der Handel leere Regale wie der Teufel das Weihwasser. »Völlige Filialverfügbarkeit« heißt das Zauberwort im Handel. Kombiniert mit »Erfüllung der Lieferquote«.

Ich kann mich noch gut an den Anruf einer Drogeriemarktmitarbeiterin erinnern. Für diesen Markt produzieren wir in meiner Firma Biobaumwolleinkaufstaschen. Die Geschichte hinter den Taschen fanden die Kunden so gut, dass die zunächst als ausreichend geschätzten 10 000 Taschen in der Woche vorne und hinten nicht reichten. Innerhalb kürzester Zeit mussten wir auf 75 000 Taschen in der Woche aufstocken, weil die Regale es so wollten. Sonst wäre eine hundertprozentige Verfügbarkeit nicht gegeben gewesen. Und alles andere als 100 Prozent ist im Handel eine Katastrophe.

Fragt man bei Verantwortlichen nach, bekommt man eine einfache Erklärung: Leere Regale verschrecken Kunden. Da ist es verständlich, dass alles gegen das Phänomen der Konsumentenflucht und des damit verbundenen Umsatzrückgangs getan – und in Kauf genommen wird: strenge Verträge mit Lieferanten, Strafen bei Lieferverzug und, und, und … »Wir machen das ja nicht für uns«, erklärte mir die ehemalige Einkaufsmitarbeiterin eines Discounters. »Wir machen das für unsere Kunden!« Natürlich. Weil der Kunde sich das wünscht.

Mehr noch: Der geprägte Kunde ärgert sich mittlerweile, wenn die Verfügbarkeit nicht gegeben ist. Die grundlegende Erwartungshaltung, immer alles zu erhalten, was das Herz begehrt, wächst. Es geht sogar so weit, dass Verfügbarkeit in einer konsumbeherrschten Gesellschaft zum Selbstverständnis wird.

Ein schönes Beispiel dafür ist Brot. Frisches Brot. Als ich ein Kind war, kam einmal in der Woche am Samstag der Bäcker, und meine Mutter kaufte mein heiß geliebtes Sauerteigbrot. Einen riesengroßen Leib. Dieser reichte für die Woche. Und heute? Tagtäglich wandern wir in die Back-Filiale, die es mittlerweile an jeder Ecke gibt, und erwarten kurz vor Ladenschluss noch das ofenfrische Baguette. Sind die Regale leer und hat die Bäckereifachfrau bereits begonnen, mit dem kleinen Besen die Auslagen zu fegen, kommt Unmut auf und wir verlassen schlechtgelaunt den Laden. Weil wir das geschmacklose Reststück vom gestrigen Tag morgens bereits entsorgt haben. Schließlich hat uns der Handel erzählt: »Ihr wünscht euch täglich frisch gebackenes Brot, nicht wahr?!«

Inszenierte Vielfalt und doch immer dasselbe

Nicht, dass der *Harvard Business Manager* mein Lieblingsmagazin wäre, aber gelegentlich werfe ich einen Blick hinein und amüsiere mich königlich über die kreativen Ideen für noch mehr Umsatz. Ty Montague, Autor des Buches »True Story: How to combine and action to transform your business«, schreibt in dem Magazin: »Im Jahr 1997 gab es etwa 2,5 Millionen Marken auf der Welt. Und heute? Die Zahl liegt derzeit bei fast 10 Millionen. In dieser Masse drohen Marken unterzugehen. In einer Welt des Überflusses wird eine bedeutungsvolle Story hinter dem Produkt der wichtigste Faktor, um die Marge eines Unternehmens zu erhöhen.«

»Content is the king« nennt es der Werber, oder auch »Storytelling«. Die Märchenstunde der Werbung hat begonnen. Der Kunde wird von jedem noch so kleinen Unternehmen mit Geschichten rund um das Produkt zugetextet. Wohlüberlegt inszeniert und sinnlich kommuniziert. Wozu der ganze Aufwand? Um eine Vergleichbarkeit von Produkten zu verhindern und maximale Intransparenz zu schaffen. Die Herstellungsprozesse, die Wertschöpfungsketten, ja, der gesamte Weg vom Rohstoff zum fertigen Produkt ähneln sich immer mehr. Die Annäherung von Produkten verschiedenster Hersteller ist Resultat der industrialisierten Standardisierung in der Lieferkette. Schließlich ist das der Schlüssel für immense Kosteneinsparungen und Grundkonzept der kapitalistischen Wirtschaft.

Immer mehr Unternehmen gaben und geben die Entwicklung ihrer Produkte oder deren Zutaten beziehungsweise Einzelteile zurück in die mittlerweile globalisierte Lieferkette. Einzig das direkt Wahrnehmbare der Produkte – Aussehen, Geruch, Geschmack und Preis – lässt noch auf den Anbieter zurückschließen. Denn alle vier Bereiche sind elementare Säulen einer Corporate Identity und somit Kern der jeweiligen Marke.

Als ich 2001 die Bayerische Akademie für Marketing und Werbung besuchte, ging ich in eine Vorlesung von Bernd Michael. Er war und ist das Gesicht der deutschen Werbeszene und war jahrelang Vorsitzender einer sehr renommierten Werbeagentur. Er vermittelte uns jungen Studenten damals schon, was heute jeder Marketingmensch weiß: Der einfache Produktnutzen, der noch vor vielen Jahren Kaufargument war, reicht heute nicht mehr aus. Bernd Michael erklärte seinen Standpunkt anhand von Waschmittel. »Zeitungen wie Stiftung Warentest haben sich komplett überholt«, höre ich ihn noch sagen. »Die Waschmittel sind alle gleich gut. Sie waschen sauber. Riechen. Fertig.« Es müssen also Zusatznutzen – added values – her.

So kommt es, dass Autos verschiedenster Hersteller auf derselben Plattform basieren, das gleiche technische Innenleben haben und wir Kunden trotzdem lieber einen Wagen der Bayerischen Motorenwerke fahren als einen Dacia. So kommt es, dass die Billigjeans, die aus derselben Näherei stammt wie die vermeintlich hochwertige Markenjeans, weniger gerne gekauft wird als das teure Statussymbol. Und so kommt es, dass in zahlreichen Eigenmarken verschiedener Handelsketten eigentlich ein Markenprodukt (ver-)steckt ist. Das wird für den Verbraucher oft nur dann sichtbar, wenn etwas schiefläuft und ein Produkt mit einer Rückrufaktion aus dem Verkehr gezogen werden muss. Auf einmal heißt es, das Markenprodukt sowie die Eigenmarke der Handelskette als auch die Eigenmarken der drei konkurrierenden Marktketten seien an der Kasse abzugeben.

»Kunden freuen sich meist über eine Rückrufaktion«, ist Michaels Erfahrung im Handel. »Sie führt zu ein bisschen Transparenz, die wir handelsseitig eigentlich nicht möchten. Schließlich versuchen wir mit Eigenmarken dauerhafte, gleichbleibende Qualität mit Bindung zum

Handel herzustellen. Zu unserem eigenen Unternehmen. Durch so eine Rückrufaktion merkt der Kunde dann: ›Ui, guck an, in der Hausmarke steckt ja die Marke!‹ Andererseits hat es auch einen positiven Effekt für uns. Käufer der Markenware greifen, wenn sie wissen, was in den Hausmarken steckt, gerne zu unserem Angebot. Am Ende zählt halt der Preis.«

Mit den Eigenmarken hat der Handel selbst die Regie des Geschichtenerzählens übernommen – und schweigt. Er nutzte, was er vorher selbst geprägt hat: das Preisbewusstsein seines Kunden. »Gut und günstig« muss es für den Billigheimer sein. Dass es sich hinter zahlreichen Eigenmarkenprodukten um gute Qualität handelt, ist zum einen dem Ursprung der Produkte geschuldet.

Es sind renommierte Markenhersteller, die ihre Produktionsstraßen auslasten und »Ja!« zu »TIP« und »Gut& günstig« sagen. Darüber hinaus liegt es auch im eigenen Interesse des Handels, seine Kunden an die Hausmarke zu binden. Die damit verbundene Intransparenz verschafft dem Handel eine deutlich bessere Ausgangsposition bei Preisverhandlungen. Und Unabhängigkeit. Wer außer dem Handelspartner und dem Hersteller des No-name-Produktes würde mitbekommen, dass der Produzent ausgetauscht wird? Der Markenproduzent ist in jedem Fall in einer Zwickmühle: Entscheidet er sich gegen die Produktion von sogenannten Private-Label-Produkten für den Handel, läuft er Gefahr, über längere Sicht seine Markenprodukte an die günstigere, aber qualitativ ebenso vergleichbare Eigenlinie des Handels zu verlieren. Deshalb scheinen sich so viele für die andere Seite der Zwickmühle zu entscheiden: für den Handel zu produzieren und die

Tarnkappe aufzusetzen, Tochtergesellschaften mit neuem Namen zu gründen und undercover durch die Marktwirtschaft zu segeln. Mitleid muss kein Kunde mit den jeweiligen Herstellern haben, stecken hinter den Produzenten von Eigenmarken oftmals ausschließlich große Firmen, die nur noch größer werden wollen.

Kurz & bündig:

Der Kampf um den Kunden steigerte sich: kleine Preise, steter Ausbau von Produktvarianten, um das Einkaufen zum Erlebnis zu machen und um in einem gesättigten Markt künstlich den Konsum anzufeuern. Der nächste Schritt: die dauerhafte Verfügbarkeit von einst saisonalen oder regionalen Produkten und auch ansonsten permanent volle Regale, um den Kunden bei hemmungsloser Kauflaune zu halten und ein dauerhaftes quantitatives Wachstum im Konsumentenmarkt zu erreichen. Und schließlich kam die Antwort des hochpreisigen Qualitätshandels auf die Discountisierung Deutschlands: die Einführung von Eigenmarken.

Wohlstandszipperlein

Der Kunde war wie ein hungriger Fuchs«, erzählt Michael. »Er ging in einen Hühnerstall und riss, was er nur kriegen konnte. Viel mehr, als er jemals essen konnte.«

Mir kamen die Bilder vom Kampf um die Bananen in den Sinn, als Deutschland wiedervereinigt wurde. Die ausverkauften Gebrauchtwagenhändler, die auf ihren leeren Parkplätzen standen, während im Konvoi unsere alten Pkws den Checkpoint Charlie gen Osten passierten. Aber: Diese Menschen waren wirklich hungrig. Nach fast 40 Jahren Planwirtschaft musste sich der «Wir hatten ja nichts«-Zustand zwangsläufig in konzentriertem Konsum niederschlagen. In unserer westlichen Konsumlandschaft hingegen hatten wir vieles im Übermaß und eines nie: Hunger.

Ich erinnere mich an meinen Großvater. Er vermittelte mir einst sehr eindringlich die Sache mit dem Hunger. Er verlangte stets akribisch, dass ich meinen Teller leer esse, dass ich Lebensmittel durch Verspeisen und einem vorhergehenden »Vaterunser« wertschätze. Nicht weil es uns an Nahrungsmitteln mangelte, sondern weil das Essen wertvoll ist. Weil ein Stück Rauchfleisch Handwerk ist, das man wertschätzen muss. Bis zum letzten Krümel.

Einige Jahre später saß ich auf der Rücksitzbank des uralten, beigen Golf II. Meine Großeltern fuhren mich nach Hause zu meinen Eltern, und mir fiel ein, dass mein Magen gleich knurren könnte. Dies tat ich lautstark kund und fing an zu quengeln. Mein Opa versuchte sich auf den

Straßenverkehr zu konzentrieren, was aufgrund meiner Jammer- und Mauldezibel sich nicht einfach gestaltete.

»Opa, ich hab soooo Hunger!«, jammerte ich immer wieder. Mein Großvater hielt eine ganze Weile stoisch das Lenkrad in der Hand und konzentrierte sich voll und ganz auf das Verkehrsgeschehen. Und ich nörgelte und maulte. Kinder können das gut – und ich scheine Meister darin gewesen zu sein. Auf einmal riss mein Großvater wie wild die Handbremse an, hielt am Seitenstreifen, löste mit Schwung den Sicherheitsgurt, stieg aus und öffnete die Tür auf meiner Seite. Er beugte sich hastig zu mir herunter, so dass kein Platt Papier mehr zwischen uns passte.

»Du. Hast. Keinen. Hunger!«, schrie er mir ins Gesicht. Ich erschrak, sagte aber kein Wort. Er sprach lautstark und aufgebracht weiter: »Wenn du überhaupt etwas hast, dann ist es Appetit. Der vergeht – und jetzt still!« Sagte es, setze sich in aller Ruhe wieder ans Steuer und fuhr weiter, als wäre nichts gewesen. Mit diesem Moment verstand ich, was mein Großvater mir sagen wollte. Seine Generation hatte Hunger gelitten. Diesen Hunger vergisst man nie. Meine Generation kannte keine Not, keinen Hunger, sie hatte gerade mal Appetit.

»Siehst du«, sagt Michael. »Dein Opa war ein richtiger Wirtschaftsweiser. Es ist für uns im Handel nicht einfach, Appetit aufrechtzuerhalten! Und schon gar nicht, wenn wir in den Bereichen Preis, Vielfalt und Verfügbarkeit bereits alles ausgereizt haben.«

Überspitzt formuliert könnte man auch behaupten, dass irgendwann der Kunde schlicht überfressen ist, das Völlegefühl drückt ihn. Aber: Völlegefühl ist gleichzeitig das neue positive Stichwort für den Handel! Die Stunde der laktosefreien Milchprodukte und der glutenfreien Kost hat geschlagen.

Sieht man heute in das Brotregal, erweckt es den Eindruck, halb Deutschland leide unter Zöliakie. Derweil sind es die wenigsten, die eine ernste Erkrankung haben, ein Großteil greift zu den Spezialprodukten, weil sie glauben, dass Gluten nicht mehr gut für sie ist. Ohne jemals einen Arzt konsultiert zu haben. Die Werbung von Hersteller und Handel, die in dem neuen Wohlstandszipperlein das nächste Wachstumspotenzial sehen, reicht.

Dasselbe Bild zeichnet sich bei Laktoseintoleranz ab. Unzählige Produkte »laktosefrei« füllen die Regale. In China, wo nahezu jeder diese Unverträglichkeit vorweist (rund 94 Prozent aller Chinesen), wäre dies verständlich. In Deutschland mit geschätzt 15 Prozent laktoseintoleranten Kunden wird dieses Produktsegment zum Verkaufsschlager. Man zelebriert den Verzicht von tierischer Milch dank Soja- und Reisderivaten, Mandel und Dinkel. Und trinkt richtig Asche in die Kassen von Hersteller und Handel. Laktoseintoleranz ist cool. Für die Wirtschaft. Und nur für die Wirtschaft.

Auf der ANUGA 2015 (Nahrungs- und Genussmittelmesse) waren die am schnellsten wachsenden »Frei von«-Marketingtreiber schnell ausgemacht: »laktosefrei«, »glutenfrei«, »eifrei«. Über Geschmack war auf keinem der Werbeplakate etwas zu lesen.

Mangel im Überfluss

Sieht man heute in manche Regalreihen von Supermärkten und Discountern, könnte man sich ebenso gut in einer Apotheke wähnen. Nahrungsergänzungsmittel, so weit das Auge reicht. Vitaminkomplexe für die Frau, 14 Spurenelemente für ihn, die Zwei-Wochen-Vitalkur, Pillen, Tropfen und Pulverchen in enormen Mengen.

Für die grundlegende Entwicklung dieses neuen Sortiments musste die Wirtschaft nichts weiter tun, als agieren wie bisher: immer mehr und immer billiger produzieren und verkaufen. Der gesunde Menschenverstand reicht aus, um zu erkennen, dass die Qualität der Produkte auf Dauer darunter nur leiden kann.

In meiner Branche, der textilen, wurden aus hochwertigen T-Shirts, die nach jahrelangem Tragen noch mindestens ebenso lange als »guter Putzlumpen« ihren Dienst verrichteten, Einmal-wasch-und-weg-Fetzen. Diese Entwicklung ist alles andere als wertschätzend für die Rohstoffe, die in den Kleidungsstücken verwendet werden. Sie ist auch nicht die richtige Strategie, um anzuerkennen, dass das Kleidungsstück von vielen Händen hergestellt wurde. Nijranjan, der Chef der Kooperative in Tansania, die für mich die Biobaumwolle erzeugt, erklärte mir eines Abends bei einem eisgekühlten Serengeti-Bier die Tragik unseres westlichen Konsums, während ich lautstark über meine Rückenschmerzen vom Baumwollpflücken jammerte: »We have to learn again to respect other peoples sweat!«, wir müssen wieder lernen, den Schweiß der anderen zu respektieren.

Wieso aber sollten wir Konsumenten, von Industrie

und Handel zum Massenwaren-Schnäppchenjäger ausge-
bildet, uns darüber Gedanken machen? Schweiß kennen
wir in der westlichen Welt nur noch, wenn wir uns abends
im Fitnessstudio abstrampeln. Oder beim Griff in den
Geldbeutel, wenn uns Produkte »viel zu teuer« erschei-
nen, wir sie dennoch unbedingt haben müssen.

Ganz anders ist die Situation, wenn es ums Essen und
Trinken geht. Denn: Es werden immer mehr Lebensmittel
produziert. Zum einen ist dies, ganz nüchtern betrachtet,
der wachsenden Weltbevölkerung geschuldet. Dabei aber
ist überraschend, dass »die Nachfrage nach Nahrung
schneller wächst als die Weltbevölkerung«, stellt Stephen
Emott in seinem Buch »10 Milliarden« fest. Er schreibt
dies dem wachsenden Wohlstand der Welt zugute.

Zum anderen konsumieren wir in den Industrienationen einfach mehr. Viel mehr. Was soll man bei der Vielfalt
und den Preisen auch anderes machen? Fressen ist zur
Freizeitbeschäftigung Nummer eins geworden. Durch die
fortschreitende industrielle Erzeugung unserer Lebensmittel und die dauernd geforderte Preisreduktion seitens
des Handels ist nicht nur der Stellenwert eines Lebens-
mittels verlorengegangen. Auch der Nährwert blieb in
weiten Teilen auf der Strecke. Vergleicht man den Vit-
amin- und Mineralienhaushalt von konventionellem Obst
und Gemüse anno 1985 (Quelle: Geigy, Schweiz) und
1996 (Quelle: Lebensmittellabor Karlsruhe/Sanatorium
Oberthal), zeigt es deutlich, was alleine zehn Jahre zu
schnelles Wachstum und damit verbundene ausgelaugte
Böden, aber auch die zu lange Lagerung von Lebensmitteln aus einem einst »gesunden« Gemüse macht: eine hoh-
le Nummer.

Brokkoli hat in dieser Dekade rund 68 Prozent an Kalziumgehalt eingebüßt, Kartoffeln gar 70 Prozent. Erdbeeren verloren über die Jahre knapp 70 Prozent an Magnesium und fast 60 Prozent an Vitamin C. Dieser enorme Verlust an Mineralien und Vitaminen wird selbstverständlich nicht seitens Erzeuger und Handel kommuniziert, dafür aber sofort, wenn sich der Fettgehalt oder der Brennwert, die Kalorien, verringert haben.

Dennoch ist der Schwund wertvoller Spurenelemente, Mineralstoffe und Vitamine gegeben. »Erkläre das mal einem Kind, dass es heute vier Teller Brokkoli essen muss, um den Nährwert von Mamis Kindheit zu bekommen!«, witzelte meine Freundin Agnes. Mir war nicht nach Witzen. Diese Entwicklung ist alles andere als eine Freude für mich. Ganz im Gegenteil zur Industrie. Denn für sie könnte es besser nicht laufen.

Ein völlig neuer Markt entstand ohne Anstrengung. Ohne dass in Marketingabteilungen die Köpfe rauchten. Es war absolut ausreichend, den Apothekerblättchen und Gesundheitsfibeln, Frauenmagazinen und Familienzeitungen diese furchtbaren Zustände zuzuspielen, wenn sie nicht selbst bereits auf das »Thema« gestoßen waren. Sofort liefen die Produktionsstraßen für Nahrungsergänzungsmittel auf Hochtouren, und Regale wurden freigeräumt für das neue Sortiment. Einige wenige Kunden beäugten diese Entwicklung kritisch und kehrten der konventionellen Produktpalette den Rücken: zurück zur Natur, zurück zu hochwertigen, reichhaltigen Erzeugnissen, hin zu bio. Der Großteil der Konsumenten aber kauft Pillen und Tröpfchen. Und Pulver und Päckchen. Mittlerweile greift jeder dritte Bundesbürger zumindest gelegentlich zu Nahrungsergänzungsmitteln. Ein einträgliches Geschäft für Drogeriediscountmärkte, Supermärkte und Apotheken.

Fairerweise muss man hier erwähnen, dass nicht nur Konsumenten zu sogenannten NEM-Produkten greifen, die damit den Mangel an Nährstoffen der konventionell erzeugten Lebensmittel ausgleichen möchten. Nein! Stetig wächst die Anzahl derer, die sich freiwillig durch den Verzicht auf tierische Erzeugnisse und radikaler Ernährung in einen Mineralstoffmangel zwängen: der hippe Industrie-Veganer (nicht zu verwechseln mit dem seit Jahren praktizierenden regionalen und saisonalen Rohköstler).

»Ich weiß nicht, was hochverarbeitetes Soja und eine Handvoll Pillen zum Frühstück noch mit Ernährung zu tun haben«, sagt Hendrik Haase, seit Jahren als Food-Aktivist unterwegs für Handwerk und guten Geschmack. »Wenn es wenigstens bei Gemüse und Pillen bliebe, aber Veganern wird ja jeder industrielle Dreck angedreht!«

Richtig. Die Industrie schnitzt sich den perfekten Kunden, um aus Scheiße Gold zu machen.

Königsklasse: aus Scheiße Gold machen

Ein Aufschrei in Sachen Speisesauerei war der Analogkäse. Durch alle Medien geisterte im Jahr 2009 der Lebensmittelskandal, und die Konsumenten empörten sich aufs bitterste. Schließlich fand sich der vermeintliche Käse, der nur aus Pflanzenfett und -eiweiß, Wasser, Geschmacksverstärkern und sonstigen Zaubermitteln aus der chemischen Food-Design-Abteilung besteht, auf des

Deutschen Lieblingsspeise: der Pizza. Na gut, auch auf der Lasagne. Und selbst beim Käsekipferl vom Bäcker um die Ecke konnte man sich am Ende der zahlreichen Diskussionen und Berichterstattungen nicht mehr sicher sein.

Die Verbraucherschutzzentrale Hamburg brachte umgehend nach Aufdecken dieses Skandals eine »Liste« heraus, die dem irritierten Kunden Sicherheit gab, wo echter gegen analogen Käse hätte ausgetauscht werden können – und wo nicht. Verbraucherschützer gingen auf die Barrikaden und forderten seitens der Politik ein, eine explizite Auszeichnung für diesen Betrug am Kunden zu verordnen. Ein Siegel quasi: »Garantiert analogkäsefrei« – schließlich ist dieses Käsederivat in der Regel auch noch 30 bis 40 Prozent günstiger als guter Käse aus Milch und somit Verbraucherverarsche erster Sahne.

Im Nachhinein betrachtet: völliger Käse. Was aber macht derweil die Industrie daraus? Und der Handel? Die beiden warten, wie immer, nicht auf politische Rahmenbedingungen. »Bis die Politik etwas tut, sind meine ungezeugten Kinder in Pension«, scherzt Michael. Und so taten Industrie und Handel, wie von ihnen erwartet: Sie handelten und wurden proaktiv tätig. Sie erfüllten unseren Wunsch: nie mehr Analogkäse. Wäre ich Pressesprecher einer Analogkäse erzeugenden Unternehmung, würde ich nun exakt dasselbe erzählen wie der Handelsrepräsentant auf meinen Vortrag oder der Hühnerpapst: »Wir bedienen Bedürfnisse. Wir liefern, was der Kunde wünscht. Wir produzieren, was der Kunde kauft. Er wünscht sich keinen Analogkäse mehr, er möchte keinen billigen Ersatz im Regal!«

Anschließend kommt die erfahrene Fachfrau für Marketing, die sagt: »Wir brauchen ein neues Konzept, eine neue Wahrheit, einen schönen Beweis in Form eines Siegels oder Prüfzertifikats, denn die Gewinnmargen dieses Speisemülls sind zu attraktiv! Das geben wir nicht kampflos her!« Dazu eine schöne Umverpackung, ein kleiner Gesundheitshype, eine Prise Umweltschutz, garniert mit Tierwohl und Wellbeing. Schwupps, schon ist das billige Schmuddelkind Analogkäse zu einem völlig überteuerten Lifestyle-Produkt avanciert: der vegane Käse! Dieselbe Rezeptur, eine neue Geschichte. Gleicher Lug und Trug, neue Wahrheit. Im 50-Gramm-Schälchen zehnmal so teuer und als gesund und unheimlich nachhaltig verkauft. Industrie und Handel sind zufrieden. Das Perfide? Der neuerdings vegane Kunde ebenso.

Dieses Beispiel zeigt schön, dass der Kunde sich offensichtlich wünscht, was mit viel Geld und Marketing ihm als »Wünsch-dir-das« seitens der Wirtschaft angepriesen wird. Die Industrie und der Handel spielen mit dem vermeintlich mündigen Konsumenten, wie es ihnen gefällt. Der Konsument hingegen lässt ebenso mit sich spielen. So kommt es dazu, dass einst verpönter Käseersatz das Musthave einer ganzen Bewegung wird. Und die Frage, die sich stellt: Werden wir verarscht, oder lassen wir uns verarschen? Wollen wir Konsumenten am Ende gar hinters Licht geführt werden? Oder kann man die künstlichen Konsumgelüste in der heutigen Zeit nur noch durch Mogelpackungen in den Einkaufskorb bringen?

Kurz & bündig:

Die weitere Diversifizierung für noch mehr Umsatz ist die Spezialisierung der Vielfalt unter Berücksichtigung der Wohlstandszipperlein. »Laktosefrei« und »glutenfrei« für alle. Die Einbußen im Nährstoffgehalt der Lebensmittel zieht ein nächstes Big Business für Industrie und Handel mit sich: die Nahrungsergänzungsmittel. Für den völlig gesättigten und dennoch mangelernährten Industrie-Konsumenten.

Und schließlich der »vegane Markt«, angefeuert von der neuen Sehnsucht nach Moral und Ethik, die Industrie und Handel ebenso für sich zu nutzen wissen: völlig überteuerte, sorry, margenattraktive Produkte, die die industrielle Wertschöpfung auf die Spitze treiben und Food-Designern und Lebensmittelchemikern Höchstleistungen abfordern.

Es ist zu viel!

Sieht man hinter die Kulissen der kapitalistischen Marktwirtschaft, gibt es sehr wohl ein Zuviel. Ein Vielzuviel. Nicht nur bei Rohwaren wie Butter, Milch und Kaffee herrscht das Problem der Überproduktion. Auch bei Gütern des täglichen Gebrauchs wie Bekleidung wird mehr hergestellt als verkauft und deutlich zu viel als gebraucht. Verglichen mit der Lebensmittelindustrie benötigt es aber bei Kleiderbergen keiner Regelungsquoten in Bezug auf Produktionskapazitäten, da wir Kunden fleißig selbst mithelfen, das Überangebot ordentlich zu verstecken und somit der weiteren Ressourcenverschwendung für noch mehr Wachstum freie Fahrt zu gewähren.

Es braucht keine Studie als Beweisführung, um herauszufinden, dass mindestens 15 Prozent aller Kleidungsstücke im eigenen Schrank sogenannte »Fehlkäufe« sind. Ein ehrlicher Blick in die eigene Wäschekommode verrät dasselbe Ergebnis. Wer es dennoch nicht glaubt: Laut einer aktuellen Studie haben selbst Männer, die vermeintlich als Modemuffel und sparsame Shopper in Sachen Fashion gelten, mittlerweile 2,5 Schrankleichen-Hemden. Umgerechnet auf Deutschland hängen über 81 Millionen Oberhemden ungenutzt in heimischen Schlafzimmern. Für mich als ökosoziale Textilerin geht die Rechnung weiter: Rund 48 600 Tonnen feinste Baumwolle (die für ihre Herstellung übrigens bis zu 30 000 Liter Wasser pro Kilogramm benötigt), nahezu eine Milliarde Knöpfe aus Plastik, und, am bedenklichsten, 6000 Arbeitsjahre eines Spin-

ners und Webers, 1200 Arbeitsjahre eines Färbers und
Ausrüsters und rund 37000 Arbeitsjahre einer Näherin
mit Acht-Stunden-Tag gammeln ungenutzt in deutschen
Kleiderschränken. Welche Ressourcenverschwendung!
Welch fehlende Wertschätzung für des anderen Arbeit!
Welche Umweltsauerei!

Es ist also ganz einfach: Man muss nur in die Restmüll-
tonne sehen, um zu verstehen, dass wir zwar mehr einkaufen und somit Industrie und Handel mehr Umsatz
verschaffen, aber nicht mehr essen. Dafür landen immer
mehr Lebensmittel in der Mülltonne. Während im Nah-
rungsmittelbereich – sofern der Lebensmittelchemiker
nicht ganze Arbeit geleistet hat – die Reste vergänglich
sind, verhält es sich im Textilbereich gänzlich anders.

Eine Studie in Großbritannien fand heraus, dass aufgrund der heutigen Schnelllebigkeit in der Mode der Anteil des Textilmülls von 7 auf 30 Prozent angestiegen ist.
Dieser sogenannte »Primark Effect« führt uns vor Augen,
dass unser Handeln nicht ohne Folgen bleibt. Die Berichterstattungen über leidende Näherinnen am anderen Ende
dieser Erde, die für unsere Schrankleichen im schlechtes-
ten Fall mit dem Leben bezahlen, geben uns ein bisschen
den Rest. Die Folge: Appetitlosigkeit beim Konsum.

Wir haben uns verkauft!

Berichte über inakzeptable Zustände bei der Wertschöpfung von Waren wurden lange Zeit mit »Ich habe auch
meine Probleme« abgetan, viel zu niedrige Discountpreise
mit »Ich kann nicht anders, ich muss hier einkaufen!«.

Wir haben in den vergangenen Jahren die Marktwirtschaft verlassen und unsere Gesellschaft verkauft. Wir sind durch unser eigenes Handeln zu einer Marktgesellschaft verkommen, in der wir uns mit ausreichend Geld alles kaufen können: Gesundheit, Zeit, ja selbst ein Leben.

Es geht auch weniger drastisch, um die dramatische Situation zu erklären, in der wir uns befinden: »Mutter Teresa hat keinen Platz mehr in der heutigen Wirtschaft«, war der Standardsatz eines Schulfreundes, der nach dem Abitur direkt in die Chefetage des väterlichen Betriebs wanderte. Was er damit zu erklären pflegte, war die Tatsache, dass sich ein erfolgreiches Unternehmen »keinen Sozialfirlefanz« leisten könne.

Bis heute hält sich diese These in zahlreichen Chefetagen hartnäckig. Als ich 2010 mein soziales »Projekt« manomama gründete, aus dem sich mittlerweile ein gesunder mittelständischer Betrieb mit rund 150 Festangestellten entwickelte, durfte ich mir nahezu täglich Bemerkungen wie »Sozialromantikerin« anhören.

Selbst harte Fakten wie »zu 100 Prozent eigenkapitalisiert«, »schwarze Null«, »keine Subventionen« halten bis zum heutigen Tag meine Kollegen in der Wirtschaft davon ab, diese Art der sozialen Wirtschaft anzuerkennen. Weil es nicht mehr en vogue ist, Ökonomie mit dem Menschen zu machen. Man wirtschaftet durch und gegen den Kollegen unten am Fließband. Weil es sich anders nicht rechnet, so lehrt man es an der Uni in Betriebswirtschaftslehre. Weil der einzig relevante Gewinn eines Unternehmens heute das Geld unterm Strich ist und nicht, wie ich es verfechte, die Menschlichkeit. Die interessiert nur die wenigsten. Am allerwenigsten die Aktienbesitzer.

Sie tragen nicht die Sorge um das Wohlergehen der Mitarbeiter, im Gegenteil: Meist dienen Auslagerung ins Billiglohnland und interner Stellenabbau ihrem Interesse, dem Bestreben nach einer immer größer werdenden Dividende und fetten Kurszuwächsen. Schlimmer noch: Sie sind nicht stolz darauf, ein Teil einer Firma zu sein, sondern möglichst viele Anteile der Firma zu besitzen. Diese werden just dank kurzfristiger Gewinnmaximierungsstrategie schnurstracks abgestoßen. Gewinne werden mitgenommen und das Unternehmen geschwächt alleingelassen.

Der Firma fehlt dann das Geld für Investition und Weiterentwicklung. Für neue Konzepte und echte Wahrheiten. Und es fehlt vor allem die soziale Idee, die Idee der Solidarität und Gemeinschaft. Moralisch verwerflich, juristisch einwandfrei, das ist Wirtschaft heutzutage.

Industrie und Handel haben kein Interesse daran, dass sich an diesen Marktgegebenheiten etwas ändert oder gar dass der Kunde es tut: Es würde schlichtweg eine Stange Geld kosten. Geld, das man braucht. Für die Eigentümer. Und für das Marketing der immer neuen Geschichten, um die Konsumlust wenigstens einigermaßen bei Laune zu halten.

Die ursprüngliche Idee Ludwig Erhards einer sozialen Marktwirtschaft wurde gänzlich im Zuge der Globalisierung und durch die Entstehung internationaler Großkonzerne zu Grabe getragen. Ihre Stelle nahm die raubtierkapitalistische Marktwirtschaft (so nenne ich liebevoll die perversen Auswüchse des kapitalistischen Geschäftemachens) ein. Sie ist in einem Satz wunderbar auf den Punkt gebracht: Immer dort, wo ein Mensch mit wenig Arbeit viel Geld verdient, verdient auf der anderen Seite ein Mensch mit viel Arbeit wenig Geld!

Als Marktgesellschaft ist unsere Gemeinschaft bis auf die Grundmauern durchkommerzialisiert. Was einst in staatlicher Obhut dem Wohl der Allgemeinheit diente und jedem Einzelnen in der Gesellschaft Sicherheit gab, ist zu Profitcentern geworden, die ihrem Namen gefälligst gerecht werden müssen. Koste es, was es wolle.

Krankenhäuser müssen monetäre Gewinne schreiben, zum Leidwesen der Kranken und zu Lasten der Bediensteten. Sozialer Wohnungsbau wird seinem Namen nicht mehr gerecht und kommt in Raumnot, weil der Immobilienhai aus London Probleme beim Buchstabieren hat. Der Blick auf die jährliche Heizkostenabrechnung alleine lässt uns schwitzen, seitdem die Energieversorgung privatisiert und profitoptimiert wurde. Aus Lebensversicherungen vorsorgender Bürger für ein ausgesorgtes Alter sind hochspekulative Objekte mit leerem Ausgang geworden. Zusammengefasst: Moral und Ethik, die Klammern einer Gemeinschaft, wurden von der Wirtschaft aufgekauft und verkauft. Der Markt hat über die Moral gesiegt.

Diese gesamtgesellschaftliche Entwicklung hat vor niemandem haltgemacht. Schließlich gibt es in einer moral- und gewissensbefreiten Spaßgesellschaft Möglichkeiten, die einst schlicht als »unanständig« galten. Das Legoland im schwäbischen Günzburg spiegelt das bizarre Bild einer entmoralisierten Marktgesellschaft perfekt wider.

Am Eingang befinden sich zwei Kassen, aber nur an einer bildet sich eine Warteschlange. Familien, die bereit sind, mehr zu bezahlen, bekommen über die Expresskasse direkten Eintritt, ohne Warten. Zeit gegen Geld. Wertvolle Familienzeit. Da greift Vati gerne tiefer in die Tasche. 30 Euro Expressaufschlag, um genau zu sein. Anschließend marschiert die gesamte Schnellzahler-Familie an den traurig-neidischen Blicken der Wartenden vorbei ins Spieleland.

So wird der Keil immer tiefer in die Zwei-Klassen-Gesellschaft getrieben.

Hier schöpfen, dort schröpfen

»Der Krug geht so lange zum Brunnen, bis er bricht«, lautet ein fast vergessenes Sprichwort. Den besagten gebrochenen Krug kennen wir Konsumenten nicht, sorgte die Wirtschaft immer fleißig dafür, dass sie uns sogar in der schäbigsten Schüssel noch Milch und Honig servierten.

Langsam aber realisieren wir die Risse im Gefäß, die Gräben in unserer Gesellschaft und werden mit den Resultaten unserer rücksichtslosen Marktgesellschaft konfrontiert. Ein wichtiger Grund hierfür sind immer gierigere Konzerne, die auf abstruseste Ideen kommen und uns Konsumenten mehr und mehr »irritieren«. Der größte Nahrungsmittelkonzern der Welt zum Beispiel: Nestlé.

Längst haben wir Kunden durch Medien und investigative Blogger mitbekommen, dass dieser Konzern unser tägliches Leben begleitet, ob wir wollen oder nicht. Versucht der Konzern selbst so intransparent wie möglich auf dem Markt aufzutreten, schaffen engagierte Berichterstattungen den notwendigen Durchblick, den wir Konsumenten benötigen, um nachzudenken: die Herta-Wurst mit Thomy-Senf? Nestlé. Das Eis von Mövenpick und der Alete-Brei für die Kleinen? Nestlé. Zwischendurch ein Kitkat und abends Nudeln von Buitoni mit Tomatensoße von Maggi? Nestlé. Caro-Kaffee oder Nespresso? Nestlé.

Die Schweizer verkaufen auf mehr als 2000 Marken verteilt, alles, was man zum Leben braucht. Es scheint nichts zu geben, was der Konzern nicht herstellt. Nur: Dem Nahrungsmittelgiganten reichen Kaffee und Katzenfutter, Eiscreme und Babynahrung längst nicht mehr. Der Multi-Marken-Konzern ist in das einträglichste Geschäft überhaupt eingestiegen: Wasser, genau genommen Trinkwasser.

Jeder Mensch auf dieser Welt weiß, dass Wasser gleichbedeutend mit Leben ist. Und Leben sollte nicht (ver-)handelbar sein. Weit gefehlt. Bereits heute ist Nestlé der größte Abfüller von Trinkwasser. Hinter Perrier, San Pellegrino und Vittel steckt Nestlé. Das Engagement des Konzerns reicht aber weit über den Upperclass-Bistrotisch hinaus. »Pure Life« heißt Nestlés Wassermarke in Entwicklungs- und Schwellenländern, und dort konzentriert man sich voll und ganz auf das Geschäft mit dem lebensnotwendigen Gut.

»Das gehört verboten«, werden sich nun viele denken. Das sieht der Nestlé-Chef Peter Brabeck-Lethmathe in einem Interview[*] gänzlich anders. Wie menschenverachtend dieser Konzernchef agiert, zeigen allein bereits die ersten Worte. Er singt: »Wasser braucht das liebe Vieh, hollara und hollari!«

Die Forderung, Wasser als Grundrecht für Menschen in

[*] www.youtube.com/watch?v=wzlzV7VaqCs

Gesetzen zu verankern, kommentiert er als »extreme An-
schauung«. Er sieht in Wasser »einen der wichtigsten
Rohstoffe überhaupt« und in diesem ein verdammt gutes
Geschäft, wenn man bedenkt, dass in Nigeria ein Liter
Wasser teurer als ein Liter Benzin ist. Letzteres hingegen
benötigt kein Afrikaner zum Überleben. Das Kommer-
zialisieren des lebensnotwendigen Rohstoffes lässt un-
zählige Menschen in den sozialen Netzwerken Wut und
Empörung kundtun. Sie fordern einen sofortigen Stopp
des Konzernengagements per Petition, um die Politik zu
Handlungen zu bewegen. Der Grund: Die moralische
Grenze ist überschritten. Endlich.

Ähnlich wie im Fall Nestlé sprechen sich immer mehr
Menschen gegen die vergleichbaren Handlungen des
Konzerns Monsanto und ähnlicher Firmen aus. Diese
kommerzialisieren (noch) nicht Wasser, sondern Saatgut.
Während Wasser mit »Leben« gleichzusetzen ist, kann
man »Saatgut« gerade in Entwicklungsländern mit »Überleben« gleichsetzen.

Als ich in Tansania meine Farmer und die Kooperative
besuchte, die für mein Projekt die Biobaumwolle anbaut,
lernte ich, dass das Wichtigste für einen Bauern nicht der
beste Preis des Rohstoffes ist, sondern das Saatgut für das
nächste Jahr. Indien zum Beispiel benötigt eine enorme
Menge an Saatgut, denn es ist vom Entwicklungsland zum
Agrarexporteur erster Güte geworden. Waren es laut ame-
rikanischem Landwirtschaftsministerium (USDA) Agrar-
waren im Wert von rund 5 Milliarden US-Dollar, die 2003
exportiert wurden, stieg der Warenwert innerhalb von
zehn Jahren auf 39 Milliarden US-Dollar. Gleichzeitig
verhungert im Erzeugerland das Volk.

Michael Hollenbach berichtet in seinem Hörfunkbeitrag für den WDR5 schonungslos über die globalisierten Marktmachenschaften in Indien. Niemand müsste dort hungern, ja, das gesamte Land könnte sogar gesund und ökologisch ernährt werden, würden die Erträge der Felder nicht in den agrarischen Export nach Europa und in den Mittleren Osten gehen: »In den letzten 20 Jahren während der Globalisierung wurde das Saatgut zur Handelsware. Heute leidet jeder vierte Inder an Hunger, fast jedes indische Kind ist in der Entwicklung gehemmt. Das ist keine besonders gute Leistung der konventionellen, chemischen Landwirtschaft.«[*]

Selbst die kritischen Worte von Vandana Shiva, der 62-jährigen Umweltaktivistin und Alternativen Nobelpreisträgerin, die der Autor im Hörfunkbeitrag zu Wort kommen lässt, verhallen. Schließlich sind es westliche Konzerne, die Saatguthandel betreiben, und das alte Motto: »Wer sät, schafft an!« gilt auch in Asien. Darüber hinaus ist ökologischer Landbau in keinem Interesse der globalisierten Konzerne.

Monsanto & Co. haben von ehrlicher, nachhaltiger und umweltfreundlicher Landwirtschaft keine Ahnung. Besser noch: Sie wollen ahnungslos bleiben. Das Treiben dieser Agrarkonzerne blieb lange Zeit unbehelligt von europäischen Konsumenten. Zu sehr war der grüne Wähler mit dem Atomausstieg beschäftigt. »Irgendwann fiel mir auf, als ich mit dem Motorrad über die Landwege fuhr, dass da ein Versuchsfeld mit genmanipuliertem Saatgut

---

[*] www.wdr5.de/sendungen/neugiergenuegt/kleinbauern-indien-112_imageNo-3.html

angebaut wurde«, erzählte mir Isabel, eine Textilerkollegin und ebenfalls überzeugte Umweltaktivistin. »Ich hab mich sofort schlaugemacht, und die Entscheidung war klar: Keinen Monsanto-Dreck in Franken, keinen auf der ganzen Welt!« Seitdem engagiert sie sich mit vollem Herzblut gegen den Handel und Anbau von genmanipuliertem Saatgut und die dazugehörigen Pestizide. »Da ist einfach Schluss. Haben die keinen Anstand mehr?«, fragte sie mich. Rhetorisch.

Spätestens bei solchen »extremen« Beispielen an asozialen, moralbefreiten Engagements großer Konzerne dämmert es dem kleinsten Konsumenten, dass etwas mit unserer Gesellschaft und Marktwirtschaft grundlegend nicht stimmt.

»Da ist zu viel Macht in zu wenigen Händen«, sagte eine TTIP-Gegnerin, die im Oktober 2015 in Berlin gegen das Transatlantische Handelsabkommen zwischen den Vereinigten Staaten und der EU auf die Straße ging. Sie war eine von 150 000 Gegnern. Dabei handelte es sich bei den Demonstrationsteilnehmern weder um »linke Chaoten« noch um Sympathisanten rechten Gedankenguts, wie *Spiegel Online* die Kampagne in die Ecke schrieb.[*] Es waren schlichtweg politisch interessierte Bürger, die eine entmoralisierte Marktwirtschaft satthaben. Es waren Menschen, die für mehr Transparenz, Fairness und Ethik in der Wirtschaft auf die Straße gingen. Konsumenten, die sich gegen die kontinentübergreifende Diktatur großer

---

[*] www.spiegel.de/wirtschaft/soziales/ttip-bei-der-demo-marschieren-rechte-mit-kommentar-a-1057131.html

Konzerne wehren. Es war laut der *Zeit* die größte politische Kundgebung der letzten 20 Jahre.

Aber nicht nur im großen politischen Rahmen erkennen mehr und mehr Bürger und Konsumenten, dass mit unserer Konsumkultur etwas nicht stimmt. Selbst im Kleinen zeigt sich der Kundin im Supermarkt, dass wir einen Punkt erreicht haben, den wir Konsumenten uns wahrlich nicht gewünscht haben. Ein Blick in die Verkaufsauslagen reicht: geschälte Bananen, abgepackt in Plastikschalen, Coca-Cola-Dosen, hygienisch in Folie eingeschweißt.

»Tetrapak ist scheiße, Plastik ist kacke, Folie sollten wir uns sparen: Jeder weiß heutzutage, dass der Müll echt ein Problem ist, aber du kannst gar nichts anderes mehr kaufen!«, sagte eine Freundin zu mir. Dazu kommen die unzähligen Verpackungen aus ausgiebigen Onlineshopping-Touren, und flugs ist Deutschland wieder Weltmeister. Diesmal jedoch deutlich unerfreulicher, und es jubelt niemand.

Laut den jüngsten Zahlen des Bundesumweltministeriums vom Oktober 2015 produziert die Bundesrepublik so viel Verpackungsmüll wie nie zuvor, nämlich 17 Millionen Tonnen. Das entspricht einem Pro-Kopf-Müll von knapp 213 Kilogramm. Eine traurige Höchstleistung und ein weiterer Grund für Kunden und Konsumenten, über ihren Konsum nachzudenken. Schließlich werden solche Zahlen mittlerweile selbst in der Tagesschau gesendet. Gerne direkt nach den Meldungen der verunreinigten Meere durch Müll und Plastik.

Kurz & bündig:

In rasanter Entwicklung erzog die Wirtschaft den einst genüg-
samen Kunden mit Grundbedürfnis zum anspruchsvollsten Konsu-
menten der Welt, fand die Unternehmensberatung Accenture in
ihrer Studie »Global Consumer Pulse Research« heraus. Doch
mehr als bigger, better, cheaper, more geht nicht. Zudem wuchs
und wächst die Sehnsucht nach postmateriellen Werten, die den
Konsum legitimieren sollen. Der Kunde entwickelt sich zur Kauf-
mimose. Und er stellt sich auch mehr und mehr die Frage: »Wollen
wir so leben?« Denn: Kaufen ist Leben.

Ablasshandel mit Siegeln und Zertifikaten

Jahrzehntelang haben sich Europa und Amerika (mittlerweile ist China ebenfalls ganz vorne mit dabei!) auf Kosten der Weltwirtschaftsgemeinschaft bereichert. Große
Konzerne fraßen sich heuschreckengleich um den Erdball. Dass der Senegalese nach Europa flüchten muss, weil
aufgrund des Klimawandels sein Fischerdorf langsam,
aber sicher, absäuft? »Nicht unser Problem!«, könnte die
Antwort der hiesigen Konzerne lauten. Schließlich bezah-
le man genügend CO_2-Ausgleichszertifikate.

Dass der Kenianer nach Deutschland flüchten muss,
weil ein internationaler Food-Konzern seinen Eltern und
Nachbarn das gesamte Land weggenommen hat, damit
nun sicher eingezäunt auf Tausenden Hektar Sonnenblu-
men für mehr Frittenöl in Europa wachsen? »Dafür machen wir doch ein paar schöne Projekte mit NGOs, Brunnenbau und so!«, könnte die Antwort des Food-Riesen
lauten.

Dass Menschen, die vor dem Klimawandel oder weil wir ihnen indirekt die Lebensgrundlage enteigneten, zu uns flüchten, machen uns Konsumenten aber endgültig bewusst, dass man sich von Verantwortung nicht freikaufen kann.

Einige wenige in unserer Gesellschaft versuchen sich jeher aus den Fängen der kapitalistischen Marktgesellschaft zu befreien. Es waren die klugen Leute, die vor 30 Jahren für ihren Job im Dritte-Welt-Lädchen mitleidige Blicke ernteten und für ihren Ziegenponcho aus Peru, der aus purer Überzeugung getragen wurde, höhnische Lacher. Auf einmal aber sind dieselben Menschen, die einst als Körnerfresser und Jesuslatschenträger abgestempelt worden sind, die richtige Alternative für uns Konsumenten. Denn: Wir wollen nicht mehr gut konsumieren, wir wollen Gutes konsumieren.

Täglich wächst die Anzahl der Zweifler, ob diese Welt noch »normal« ist und ob die Geschehnisse in diesem Rahmen »in Ordnung«, also moralisch richtig sind. Es herrscht heute wieder ein breiter Konsens in unserer Gesellschaft, dass die Auswüchse der Marktgesellschaft, sich nämlich alles kaufen zu können, nicht in Ordnung sind.

Darüber hinaus denkt der Bürger und Konsument um. Die einhellige Meinung lautet mittlerweile, dass Massentierhaltung zwar »normal«, aber alles andere als »in Ordnung« ist. Man ist sich einig, dass abscheuliche Arbeitsbedingungen in Billiglohnländern »normal«, aber nicht »in Ordnung« sind. Umweltverschmutzung? Normal, aber nicht in Ordnung. Regenwaldrohdung? Normal, aber nicht in Ordnung, Landgrapping in Afrika? Normal, aber nicht in Ordnung.

Je länger reflektiert wird, umso weniger fühlt sich der Kunde mit seinem Einkaufskorb wohl. Die neue Sehnsucht nach Moral wird zum Lustkiller für den Konsum. Und, das haben Industrie und Wirtschaft erkannt: zur existenziellen Bedrohung ihrer Geschäftsmodelle. Der Konsument hat Magenschmerzen und wünscht sich eine Veränderung. Mehr Moral, mehr Ethik. Weniger Quantität möchten wir Kunden immer noch nicht, aber mehr Qualität. Und wir haben endlich erkannt, dass es Zeit wird, unsere Wünsche selbst zu formulieren.

Die Industrie möchte den eigens erzogenen Kunden keineswegs ändern. Denn: Moral, die Mutter Teresa unter den Werten, hat bekanntlich keinen Platz in der Wirtschaft. Politik, Non-Profit-Organisationen und die Wirtschaft haben uns gut zugehört und eine neue Strategie entwickelt (die übrigens historisch bewanderten Christen nicht neu ist): die Renaissance des Ablasshandels. Das schmutzige Geschäft mit dem guten Gewissen.

Der interessierte und engagierte Kunde würde es gerne besser machen, rücksichtsvoller konsumieren. Was ihm angeboten wird: Hunderte, ja Tausende Siegel in den verschiedensten Branchen und Produktbereichen. Die einen beziehen sich »nur« auf bio, andere decken nur den »fairen« Bereich ab. Wieder andere besiegeln nur, dass in der Zukunft im Wertschöpfungsprozess minimale Veränderungen zum Guten erfolgen sollen.

Siegel und Zertifikate sind aber nichts wirklich Positives, sie sind nur das Symptom einer kranken Wirtschaft und rücksichtslosen Wertschöpfung. Denn nach wie vor versuchen Industrie und Handel Fairness und Ökologie einem bestehenden Produktionsprozess, einer existieren-

den Wertschöpfung aufzupropfen, anstatt die Nachhaltigkeit an erste Stelle zu setzen und daraufhin eine Wertschöpfung zu bilden.

Es wird lieber das Falsche optimiert, statt das Richtige
gemacht. Darüber hinaus werden still und leise, unter anderem durch die Siegel, heimische Wertschöpfung und al-
tes Handwerk zu Grabe getragen. Wer fragt denn noch,
ob der Hersteller eines Produktes ordentlich bezahlt wurde? Es reicht, wenn irgendein Zertifikat das bestätigt. Papier ist geduldig. Geduld ist jedoch exakt das, was der
Kunde nicht mehr haben darf. Zu sehr wird er verschau-
kelt.

WIE
Industrie und Handel
uns fairarschen

(Die Politik übrigens auch.)

Fairtrade & fairarscht

Was wir uns wünschen?
Wir wünschen uns Produkte purer Fairness: ein Stück heile Welt vom Feld bis zum Konsumenten, individuell wertgeschöpft und respektvoll erzeugt.

Was wir bekommen?
Ein verwässertes Massenprodukt mit minimalem Anteil fair gehandelter Rohstoffe aus einem System, das weitaus weniger sozial zum Erzeuger ist, als es scheint.

»Immer, wenn ich Fairtrade höre, habe ich das Bild von lachenden Kindern, die endlich in die Schule gehen können, vor Augen«, erzählt mir der junge Mann. Wir haben uns auf einem Vortrag über regionales Wirtschaften getroffen und sind ins Gespräch gekommen.

»Ich dachte das auch einmal«, erwidere ich, »aber das ist vorbei. Wenn ich heute Fairtrade höre, hab ich das Bild von fetten, verschwitzten, wie ein Christbaum geschmückten, weißen Menschen vor Augen. Sie sitzen an einem Tisch, der sich schier durchbiegt, weil die Speisen so schwer sind. Einer von ihnen nimmt einen abgenagten Knochen, an dem noch kleine Fleischfetzen und Sehnen hängen. Er dreht sich zur Seite, schmeißt den Essensrest auf den Boden und sagt: ›Sollst auch nicht leben wie ein Hund.‹ Nur: Es ist ein Mensch, der auf dem Boden kauert. Das wilde Tier sitzt am Tisch!«

Völlig entgeistert sieht mich der junge Mann an und

sagt: »Verstehe ich nicht. Ist doch voll gut, wenn wir den Armen ein besseres Leben ermöglichen durch richtigen Konsum. Wir schmeißen ihnen doch nicht unsere Knochen hin!«

»Doch, genau das tun wir. Wir laden unseren Müll dort ab, halten sie klein, schließen sie vom Weltmarkt aus, und als Zuckerl vertrösten wir sie mit Fairtrade-Prämien. Eine Art Bonusmeilen eines kranken Weltwirtschaftssystems. Warum das alles? Weil wir sie auf keinen Fall an unserem Tisch sehen möchten, sonst müssten wir ja teilen. Womöglich müssten wir sogar aus Anstand die Lieblingsspeise abgeben. Und das wollen wir nicht!«

Ganz so einfach verhält es sich nicht mit dem System des fairen Handels, aber die plakative Erklärung hat eindrücklich Wirkung hinterlassen. Und eine erste Erkenntnis: »Du meinst, nur wenn wir alle an einem Tisch sitzen, dann ist das faire Wirtschaft?«, fragt er.

»Genau das«, antworte ich. »Mit Respekt. In gleichwertiger Weise.«

Dass echte faire Handelspartnerschaft zwischen der Nord- und Südhalbkugel etwas anderes ist als Fairtrade, sieht man, wenn man die einst gutgemeinte Bewegung und das heutige »System« genauer betrachtet. Rund 80 Prozent der Verbraucher würden das Fairtrade-Siegel kennen, lässt sich in Eigenmarketingbroschüren von Fairtrade lesen. Nur die wenigsten Verbraucher aber wissen um die Fehler im System. Und die Fairarsche.

Was ist Fairtrade?

Mitte des letzten Jahrhunderts fing die Wirtschaft an, sich mehr und mehr von ihrer neoliberalen Seite zu zeigen. Immer mehr, immer billiger und immer globalisierter. Bereits zu den Anfängen dieser Entwicklung gab es Gegner dieser ökonomischen Ausprägung, die auf Raubbau am Menschen basiert. Als Antwort auf anonyme Wertschöpfungsketten, intransparente Zustände bezüglich der Arbeitsbedingungen in Erzeugerländern von Rohstoffen startete zunächst in Amerika die erste Fairer-Handel-Bewegung.

Es galt und gilt, Arbeiter und Erzeuger von Rohstoffen wie Kaffee, Tee, Baumwolle und Kakao vor der neokapitalistischen Ausbeutung zu schützen. Man vereinbarte Mindestpreise, kämpfte für existenzsichernde Löhne und bessere soziale Strukturen.

In den 60ern kam die Bewegung nach Europa. Unter dem Leitbild »Handel statt Hilfe« begann eine enorme Bewegung, die sich für faire Handelsbeziehungen mit Entwicklungsländern einsetzte. Einer der Vorreiter und »Gründervater« in Deutschland ist Dieter Overath. Er gründete vor über 20 Jahren den Verein Trans-Fair e.V., der die Ziele der Fair-Handels-Bewegung kontrolliert und das bekannte Gütezeichen, das blau-grüne Yin-Yang-Symbol, vergibt.

Der Grundgedanke des Fairen Handels war die Installation respektvoller ökonomischer Handelsbeziehungen. Fair sollte es zwischen Erzeuger und Abnehmer hergehen. Bio hingegen war kein Leitgedanke der ersten Stunde.

Heute, über ein halbes Jahrhundert nach den ersten

Schritten der globalen Fair-Handels-Bewegung, zeichnet sich ein Bild, das alles andere als transparent und fair ist: Unzählige Siegel und Kampagnen, Vereinigungen und Zerfitizierungsstellen sorgen sich darum, dass Rohstoffe »fair« wertgeschöpft werden. Eine gesamte Industrie an Fairness-Kontrolle lebt mittlerweile von der Überwachung von Wertschöpfungsketten in der Dritten Welt. Mit bunten Bildchen und schönen Siegeln versehen finden die Produkte den Weg in die Regale unserer Geschäfte. Und der bewusste Konsument greift beherzt zu. Greift dafür gerne deutlich tiefer in die Tasche. Schließlich verbessert er mit jedem Kauf das Lebensumfeld des kleinen, armen Erzeugers und trägt zu einem existenzsichernden Auskommen bei.

Das aber ist ein Irrtum: Eine gute Idee auf ein krankes Wirtschaftssystem zu stülpen macht nicht das System besser, sondern die Idee kaputt.

Erster Fehler: falsches System

Dem Konzept des fairen Handels und den innerhalb dieses Rahmens wertgeschöpften Gütern liegt dasselbe wirtschaftliche Gerüst zugrunde, über das wir, interessierte und gerechtigkeitsliebende Konsumenten, uns tagtäglich aufregen. Das wir verabscheuen und in dem wir als Mitteleuropäer gleichzeitig über die Maßen gut leben. Das wir mit der Substitution von konventionellen Gütern durch Fairtrade-Produkte ablösen wollen: das neokapitalistische, weltumspannende, auf rücksichtsloses quantitatives Wachstum ausgerichtete, Angebot-und-Nachfragepreistreibende, menschenverachtende Wirtschaftssystem, kurz: das ökonomische Survival-of-the-richest.

Die Grundidee von Fairtrade war keine schlechte: Kleinbauern den Zugang zum Weltmarkt zu verschaffen. Das war es dann aber auch. Was sich anschließend daraus entwickelte, ist, wenn man es schonungslos betrachtet, dieselbe Art der Wirtschaft, nur unter dem verdeckten sozialen Mäntelchen der Dauerbetroffenen und Moralkonsumenten. Der größte Benefit dieses Engagements gilt immer noch der Gewissensberuhigung im »Zielmarkt«: bei uns Kunden in der westlichen Welt. Den größten Reibach dieses Systems machen Industrie und Handel durch deutlich höhere Margen.

Zu viel des Guten

»Früher hat man irgendwie bessere Preise bezahlt, heute braucht man für alles Papiere, um mehr Geld für Ware zu bekommen«, erklärt mir Bonifaz.

Er lebt in Tansania und war mein Guide und steter Begleiter, als ich die Farmer, die für mein Projekt die Biobaumwolle erzeugen, besuchte und bei ihnen lebte. Bonifaz' Vater arbeitete auf einer Kaffeeplantage zu Zeiten, als die gesamte globale Zertifizierungsmaschinerie noch nicht angelaufen war. »Ich konnte trotzdem Betriebswirtschaft studieren!«, erzählt er weiter. Diese Aussage passte überhaupt nicht in mein naives Bild der armen Afrikaner, denen geholfen werden muss.

»Man muss uns nicht helfen!«, betont Bonifaz. »Wir haben hier in Tansania ein anderes Leben als ihr in Deutschland. Ihr könnt noch Hunderte Schulen bauen, aber sie werden leer stehen. Wir selbst müssen erkennen, dass Bildung wichtig ist. Dann bauen wir uns selbst die Schulen! Fangt endlich an, uns auf Augenhöhe zu begegnen. Macht gute Geschäfte mit uns. Mehr braucht es nicht!«

Unweigerlich schoss mir mein Bild des Tisches in den Kopf. Und Bonifaz bestätigte es. Sie wünschen sich nur einen Platz am Weltwirtschaftstisch, dachte ich mir. Mehr nicht. Zudem: Gleichbehandlung, keine Charity, kein Fairtrade.

»Warum bist du so vehement gegen Hilfe aus Europa?«, frage ich neugierig.

»Weil es uns faul macht«, antwortet er. Und erzählt von jungen Männern, die sich von Hilfsprojekt zu Hilfsprojekt hangeln und die Zeit dazwischen mit Alkohol überbrücken. Von Anschaffungen, die »completly stupid« sind. Die Traktoren aus der Entwicklungshilfe zum Beispiel. »Da kamen Menschen, ließen Traktoren hier, machten ein Foto und gingen wieder!« Der Traktor in seinem Dorf ist bis heute nicht ein einziges Mal zum Einsatz gekommen. Weil ihn keiner braucht. »Die tägliche Menge an Baumwolle ist am besten per Ochsenwagen zu bewegen«, so Bonifaz.

Okay, denke ich mir, das ist alles nachvollziehbar, hat aber nichts mit Fairtrade zu tun, und bin nach wie vor überzeugt, dass die Fairtrade-Bewegung, also die wirtschaftliche Komponente der »Entwicklungshilfe«, etwas Gutes hat.

»Nein, es ist nicht gut, Sina«, sagt Bonifaz. »Es ist besser als nichts. Aber besser als nichts ist nicht besser als nichts!«

An jenem Tag haben wir diesen hochphilosophischen Satz viele Stunden erörtert, und dann begriff ich die gesamte Grundmisere des Fairtrade-Konzepts. Es entzweit eine Gemeinschaft. Nicht die Ärmsten der Armen werden mit diesem Konzept gefördert, sondern Bauern, die sich das Zertifizierungsprozedere leisten können. Mehr noch: die es finanziell verkraften können, ihre Ernte nicht zu Prämienbedingungen, sondern zu konventionellen Preisen zu veräußern. Es wird schlichtweg zu viel Fairtrade-Rohstoff produziert. Oder besser gesagt: Es wird überzertifiziert. Es gehen Tonnen an Ernte in die konventionelle Verarbeitung oder bleiben in den Speichern der Hersteller liegen. Dort warten die Rohstoffe auf bessere Zeiten. Besser werden die Fasern, Samen, Blätter und Früchte dabei wahrlich nicht.

Die Organisation Transfair hat Zahlen veröffentlicht, die einen zum Nachdenken bringen. Nahezu zwei Drittel des Fairtrade-zertifizierten Kakaos wurden ohne Siegel anderweitig in die Märkte geschmissen, weil sich schlichtweg kein Käufer für den zertifizierten Rohstoff fand. Bei Baumwolle sieht die Zahl noch schlimmer aus: Gerade einmal 13 Prozent der 6400 Tonnen Fairtrade-zertifizierter Baumwolle im Jahr 2013 konnten im fairen Handelsmarkt abgesetzt werden. Schlusslicht? Tee. 970 Tonnen (7 Prozent) fanden unter dem Siegel Platz im Regal.

Wischiwaschifair dank Mengenausgleich

In Europa ist »bio« ein gesetzlich geschützter Begriff. Seit 1991 regelt die Europäische Union, wie Bioprodukte erzeugt, verarbeitet und gekennzeichnet werden müssen und wie diese Wertschöpfungskette überwacht wird, damit dies ordnungsgemäß geschieht. Ein Produkt ist bio, wenn mindestens 95 Prozent seiner Bestandteile aus kontrolliert ökologischen Quellen stammen.

Deshalb darf McDonald's seinen neuen Burger nur »McB« nennen und nicht »McBio«. Zwar enthält das Produkt 100 Prozent Biofleisch. Das aber reicht für das Etikett bio nicht. Dazu müssten das Brötchen, der Salat, die Gurke, Käse, Mayo und Ketchup ebenfalls aus ökologischer Erzeugung stammen. Mit gewieft-witziger Werbung versucht die Fast-Food-Kette den Kunden an der Nase herumzuführen: Anstelle des Slogans »Kann Spuren von gutem Gewissen enthalten« müsste »Kann Spuren von guten Gewinnen enthalten« stehen.

Auch die Schürzen, die McDonald's-Mitarbeiter neuerdings tragen mit der Aufschrift »Ich arbeite in einem Bioladen« macht Verarsche des Kunden nur deutlich. Es ist also wichtig, dass gesetzliche Grundlagen den Verbraucher vor Nepp schützen. Werbung hin oder her.

Das EU-Recht sorgt durch die Okö-Richtlinien für fairen Wettbewerb, und es schützt Konsumenten vor Irreführung bei Bioprodukten. So möge der McB vielleicht ein Fünftel Bioanteil in Form eines flachgedrückten Fleischpflanzerls enthalten, aber »echt bio« ist es nicht.

Bei fair ist dies anders. Weil der McB kein reines Fleischprodukt, sondern ein Mischprodukt aus verschiedenen

Zutaten ist, wäre er problemlos mit dem Fairtrade-Siegel zu bewerben. Das bisschen faires Fleisch und eine Portion zusätzliches Geld für die Nutzungsgebühr des Fairtrade-Siegels würden reichen. Denn der ursprüngliche Grundsatz »All that can be fairtrade must be fairtrade«, mit dem die Bewegung des fairen Handels aus der Wiege gehoben wurde und der heute noch auf zahlreichen Fairtrade-Flyern kommuniziert wird, gilt längst nicht mehr.

Im Juli 2011 wurde der notwendige Anteil an fair gehandelten Zutaten, die in einem Produkt stecken müssen, um das Siegel zu erhalten, seitens der Organisation selbst drastisch nach unten korrigiert. Seitdem reichen 20 Prozent an fair erzeugten Rohstoffen in einem Mischprodukt aus, um das blau-grüne Yin-Yang-Siegel auf der Verpackung zu erhalten.

Diese Veränderung passierte still und leise, damit der Kunde es nicht merkt. Der Preis nämlich ist nicht deutlich gesunken für die neue, faire Mogelpackung. Für Industrie und Handel eröffneten sich völlig neue Aussichten: eine neue Rezeptur, jetzt mit noch weniger fair gehandeltem Kakao! Dazu eine schicke Verpackung, Siegel drauf und Preis rauf – fertig war der faire Schoko-Dinkel-Keks von Rewe mit gerade einmal 21 Prozent fair gehandelten Anteilen. Nur minimal mehr als nötig, um das bekannte Gütesiegel auf der Packung plazieren zu können. Für das bessere Gewissen. Und die schönere Marge.

Echte Weltladen-Liebhaber und Kritiker schimpften und sahen darin eine Übernahme des Fairtrade-Systems durch Wirtschaft, Industrie und Handel. Fairtrade e.V. dagegen begründete das Herabsenken des Anteils mit »organisatorischen« Gründen. Der Mengenausgleich würde benötigt, um Weiterverarbeitungsstufen auszulasten. In Wahrheit aber war dies ein Schritt in den Massenmarkt und ein Entgegenkommen der abnehmenden Industrie und des Handels. Zum Leidwesen der Erzeuger. Die nämlich saßen und sitzen nicht nur auf ihren Überzertifizierungen, durch die Änderung benötigte man auch noch weniger Rohstoff, um das Fairtrade-Siegel auf eine Packung des fertigen Mischprodukts zu bekommen.

Der Gründer der Fairtrade-Idee, Dieter Overath, der sicherlich mit hehren Zielen an die Sache gegangen ist, verkaufte das Absenken der Mindestmenge an zertifizierten Rohstoffen als Strategie des Nischenverlassens. In Wahrheit aber wurde Fairtrade damit verwässert und discountisiert – und Erzeuger wie Kunden fairäppelt.

Heute zieren Wischiwaschi-Fairtrade-Produkte die Regale von Aldi und Lidl. Demgegenüber sucht man in manchen Biosupermärkten vergeblich nach dem Gütezeichen. Biofachmärkte agieren anders. Sie sparen sich das teure Siegel und stecken das eingesparte Geld in die Produkte. Fragt man Alnatura, warum Produkte kein Fairtrade-Siegel tragen, erhält man folgende Antwort: »Alnatura-Produkte tragen kein Fairtrade-Logo, da damit Lizenzgebühren verbunden sind und die Produkte somit verteuert würden. Wir haben uns deshalb gegen eine spezielle Fairtrade-Kennzeichnung entschieden.«

Für den konventionellen Handel ist die Gangart völlig unvorstellbar. Hier konzentriert man sich darauf, möglichst wenig fair gehandelte Anteile gewinnbringend an den Kunden zu bringen. Die Senkung des Mischungsverhältnisses wird bis an die Grenze ausgereizt.

Der Kunde kauft mehr (von einem minderen Produkt),

der Handel verkauft mehr (von einem lukrativeren Produkt), die Industrie produziert mehr (von einem billigeren Produkt), aber der Farmer bleibt auf seiner zertifizierten Rohware sitzen, weil von ihm immer weniger Rohstoff gebraucht wird.

»Eigentlich ist es eine völlig verzwickte Situation«, erklärt mir ein Insider, der seit 20 Jahren im Rohstoffhandel tätig ist. »Das Gute an Fairtrade ist, dass es Abnahmegarantien und Mindestpreise für die Rohwaren gibt. Gleichzeitig ist dies die Crux. Der Bauer hat überhaupt kein Interesse, weniger zu produzieren, und heizt somit den Preisverfall bei Kaffee im Gesamten an. Es kommt nur kaum Fairtrade-Prämie zusammen. Schließlich müsste dafür die Rohware über die Zertifizierungsschiene in den fairen Markt gelangen. Das System also selbst feuert noch die Problematik der Überproduktion an und, am schlimmsten, macht die kleinen Bauern kaputt, die nicht am Fairtrade-System angeschlossen sind. Kaffee, ob fair oder nicht, wird durch diese künstliche Überproduktion immer günstiger. Die Fairtrade-Bauern sind ein bisschen geschützt durch den Mindestpreis. Die anderen arbeiten, ernten und verhungern.«

Viel zu viel und doch nicht genug

Das künstliche Hochzüchten an Fairtrade-zertifizierten Rohstoffen geht immer weiter. Ein Grund hierfür ist die »Geschäftstüchtigkeit« von NGOs und Hilfsorganisationen. Ich habe diese irrwitzige Situation selbst erlebt.

T., ein Mitarbeiter einer Nichtregierungsorganisation

und »spezialisiert« in Hilfsprojekten in Afrika rund um
die Baumwolle, drängt mich seit nunmehr zwei Jahren,
unbedingt mit ihm ein »Projekt« durchzuführen. Dazu
muss man wissen, dass Projekte ein wahrer Geldsegen für
derartige Organisationen sind. Zum einen erhalten NGOs
für ihr Aufbauengagement in den »armen« Regionen ordentlich Finanzmittel aus dem Topf des Bundesministeriums für Entwicklungshilfe. Zum anderen fließen die privaten Spenden, wenn mit Hochglanzbroschüren informiert werden kann, wie man »das Gute« in die Ferne
gebracht hat.

Mit jedem dieser Projekte ist eine solche Hilfsorganisation durchfinanziert und für ein weiteres Jahr gesichert.
Es besteht also kein natives Interesse an einer echten,
wirtschaftlichen Zusammenarbeit mit Rohstofferzeugern,
denn: damit würde man sich selbst abschaffen. Wirtschaft
auf Augenhöhe benötigt keine Hilfsorganisation als Mitt-
ler.

»Du musst wissen«, erklärt mir Raymond, der seit
30 Jahren in Afrika arbeitet und in seiner Firma verantwortlich ist für einen tansanischen Baumwoll-Verarbei-
tungsbetrieb, eine Ginnery, »auch in Afrika herrscht freier
Handel. Wir müssen gute Preise machen, sonst bringen
die Bauern ihre Ernte zum Nächsten, der einen besseren
Preis macht. Ich sage immer: Man muss geben und nehmen. Es muss eine Gegenleistung erfolgen. Dann sind wir
Partner. Dann ist es auf Augenhöhe!«

Diese »Augenhöhe« spürte ich übrigens zu jeder Zeit,
die ich mit ihm bei seinen tansanischen Kollegen und Mitarbeitern verbrachte. Sie respektieren den »weißen« Mann
und arbeiten mit Freude mit und für ihn. Sie nennen ihn

»Mzee«. Es ist der Suahili-Begriff für »erfahrene, honore Respektsperson«.

»T.?«, frage ich.

»Ja, man kenne sich«, antwortet Raymond. Aber es hat nicht den Anschein, als wäre eine Zusammenarbeit gewünscht.

Zunächst empfand ich die Idee, zusätzlich neben den bestehenden Farmern in Tansania auch in Westafrika Baumwollbauer zu unterstützen, als richtig. Dabei mit einer NGO zusammenzuarbeiten und neue Bauern in die Fairtrade-Familie aufzunehmen erschien mir sinnvoll. Schließlich hatte ich zum damaligen Zeitpunkt keinerlei Ahnung von dem Kontinent, der Mentalität der Menschen, den wirtschaftlichen Strukturen und staatlichen Vorgaben. Noch weniger von der Überproduktion Fairtrade-zertifizierter Rohware.

Dann kam der August 2015. Ich packte meinen Koffer, um 14 Tage dort zu leben und mitzuhelfen, wo der Ursprung der Produkte ist, die meine Ladys bei manomama herstellen: bei den Baumwollfarmern in Tansania. Es war eine sehr wertvolle Zeit für mich, in der ich sehr viel gelernt habe.

Heute, nachdem ich weiß, wie viel der »sauberen« Baumwolle konventionell verkauft werden muss, um nicht auf dem Rohstoff sitzenzubleiben, und den »Werdegang« einer Baumwollfaser vom Feld bis zum fertigen Ballen aus dem Effeff kenne, erkannte ich, dass es eine Schnapsidee war und die Bauern, die diesem System beigetreten wären in einem möglichen Projekt, noch mehr verloren hätten. Die Gewinner wären Fairtrade als Organisation, die NGO als durchführender, fremdfinanzierter

Projektpartner und Industrie und Handel gewesen: Sie hätten noch mehr saubere Baumwolle zu konventionellem Preis bekommen.

Damit das verständlich wird, muss ich ein wenig ausholen:

Bis die Baumwolle vom Feld in einem fertigen Ballen auf die Verschiffung wartet, passiert sie zahlreiche Stationen. Der Farmer pflückt die Ernte und bringt sie zu einem sogenannten Buying Center. Dort erhält er einen Tagespreis für das Kilo Rohstoff (ja, auch hier wird gerne ein bisschen »gemogelt«, indem die Baumwolle etwas angefeuchtet wird, um das Gewicht zu manipulieren).

Die Preise setzen sich aus verschiedensten Komponenten zusammen. Zum einen ist für den Preis der Ernteerfolg ausschlaggebend. War es ein gutes Jahr, wird pro Kilo weniger erzielt als in schlechten Jahren. Anschließend kommt es auf die Qualität der geernteten Faser an, kurz ist es A- oder B-Ware. Darüber hinaus erzielt der Bauer eine Prämie, wenn er beispielsweise »organic« anbaut oder aber »in conversion«, also in Umstellung von konventionellem auf ökologischen Anbau ist. Oder aber, wenn er dem Fairtrade-System angeschlossen ist.

Nun kommen die Ginnerys ins Spiel. Es sind die Unternehmen, die von den Buying Centers die Baumwolle in Lastwagen holen und weiterverarbeiten. Hier wird die Faser vom Samen getrennt. Anschließend werden ebenfalls in einer Ginnery die Fasern in Ballen gepresst und das Saatgut von Restfasern gereinigt, in Säcke gefüllt für den Verkauf an die Farmer oder an regionale Vereinigungen, die das Saatgut wieder an Bauern ausgeben. Hin und wieder hört man in den Medien, dass Biobauern oder Fairtrade-Farmer weniger Erlöse mit ihrer Ernte erzielen als konventionelle. Der Grund dafür ist einfach: der Markt. Ist es eine schlechte Ernte, setzen die Ginnerys den Preis nach oben. Schlichtweg, um ihre Maschinen auszulasten.

So kommt es vor, dass ein Kilo konventionelle Baumwolle teurer ist als Bio- oder Fairtrade-Baumwolle. Der Bauer kann zwar seine faire oder Biobaumwolle zu konventionellen Preisen ankaufen lassen, indem er sie zu einem anderen Buying-Center bringt, dann aber fällt er aus der Saatgutverteilung für das nächste Jahr. Mehr noch: Er separiert sich selbst aus der Gemeinschaft. Und: einer über die Jahre hinweg gepflegten Mischkalkulation ist konventionelle Baumwolle dennoch günstiger als die ökologische und faire Variante, also auch unattraktiver für den Farmer. Für den findigen Journalisten ein gefundenes Skandal-Fressen.

Das aber ist nicht der Fehler an Fairtrade, das ist der grundlegende Missstand der Überproduktion in einer freien, völlig unreglementierten Marktwirtschaft. Heute schon werden Tonnen Fairtrade-zertifizierter Rohstoffe nicht abgesetzt, weil sich kein Käufer findet. Als Schadensbegrenzung werden die Rohstoffe dann dem konventionellen Markt zugeführt, um am Ende nicht darauf sitzenzubleiben. Die Prämien gibt es dafür natürlich nicht. Der Aufwand der Zertifizierung bleibt.

Und was macht die NGO? Sie fördert fleißig weiter, macht Projektchen und schließt neue Erzeuger ans System an, das eh schon zu viel produziert. In blindem Aktionismus. Schließlich erhält die Hilfsorganisation dafür Geld aus verschiedensten Töpfen und sichert den eigenen Fortbestand. Und, das traue ich mich schnippisch zu formulieren: Man hat etwas zu tun und denkt nicht über die Konsequenzen nach.

Jeder wirtschaftlich denkende Mensch würde als Sofortprogramm versuchen, die Fairtrade-zertifizierten Rohstoffe auch in ihrer Wertigkeit und zu entsprechendem Preis abzusetzen. Als Maßnahme müsste eine sofortige Umkehr der gelockerten Mischungen eingeführt werden. 75 Prozent zertifizierte Rohstoffe, nicht 20 Prozent. Es würde einen kurzen Aufschrei aus Industrie und Handel geben, weil es ihnen die Margen zerhagelt. Da Fairtrade-Produkte mittlerweile eine große Akzeptanz in der Käuferschaft genießen, würde sich niemand trauen, jene Produkte trotz gestiegenen Einkaufspreises durch die Erhöhung des fair gehandelten Rohstoffanteils aus dem Regal zu nehmen. Der Druck seitens der Kunden wäre zu groß. Aber: Das passiert nicht. Es wird weiter überproduziert und neu zertifiziert.

»Wann machen wir jetzt unser Projekt?«, hat mich T. unlängst gefragt.

»Gar nicht.« Ich hatte mir meine Meinung gebildet: Afrika braucht Unternehmertum und faire Handelsbeziehungen zwischen Wirtschaftspartnern. Und keine Hilfsprojekte, die sich bezahlen lassen, um Grundsteine zu legen, aber nicht interessiert daran sind, wie es mit dem Hausbau weitergeht.

»Das ist schade. Wirklich schade. Du, aber wenn ich dich schon am Telefon habe: Kannst du 500 Tonnen Fairtrade-Biobaumwolle aus Mali gebrauchen? Ich kann sie dir zu einem guten Preis abgeben. Ist aus einem unserer Projekte.«

Genau das ist der Fehler. Die gute Idee des fairen Handels ist durch klassische Marktmechanismen verhandelbar geworden. Weil es zu viel gibt, bekommt man ein sauberes Gewissen jetzt zu einem »guten« Preis. Eine verdammt schlechte Rechnung.

Dritte Welt arbeitet, Erste Welt nutznießt

Sieht man sich einmal die Produkte an, die wesentlich fairtrade wertgeschöpft werden, fällt schnell auf, dass in der Liste Handys, Autos oder Designermöbel fehlen. Nicht aber: Kaffee, Tee, Baumwolle und Kakao, also meist agrarische, zuweilen auch mineralische Rohstoffe. Fast ausnahmslos stammen sie aus Südamerika und Afrika. Zwei Kontinente, die im internationalen Wirtschaftsranking nicht wirklich brillieren, Afrika ist sogar das große Sorgenkind der Weltgemeinschaft.

Und das soll auch so bleiben. Schließlich wäre eine echte wirtschaftliche Entwicklung auf dem schwarzen Kontinent gleichbedeutend mit einem Abschied vom rücksichtslosen Wachstumswahn der westlichen Industrienationen. Und Industrienationen haben es heute bereits nicht mehr einfach: Die goldenen Zeiten des blinden Geldschöpfens sind vorbei.

Wir gewöhnen uns gerade daran, keine großen materiellen Zugewinne mehr zu erzielen. Zudem rücken uns gierige Schwellenländer auf den ökonomischen Leib und schneiden uns tagtäglich ein Stück vom Kuchen, der längst verteilt ist, ab. In diesen Zeiten nun auch noch Entwicklungsländern »unter die Arme« zu greifen ginge mit finanziellen Verlusten einher, kurz: zu weit. Das wäre das Ende unseres eigenen Wohlstands. Von Kindesbeinen an wurde uns gelehrt, dass dieser ausschließlich mit Wachstum einhergeht. Der Aufschrei wäre vorprogrammiert.

Genau das ist das ursprünglich Falsche an unserem weltweiten Wirtschaftssystem und somit auch an dem aufgesattelten Fairtrade-Konzept. Die vorherrschende ökonomische Ordnung bevorzugt Industrie- und Schwellenländer und benachteiligt Entwicklungsländer. Das Zauberwort hierzu heißt »Terms of Trade«.

Mit diesem Wert ermittelt der Volkswirtschafter das Tauschverhältnis von Gütern zwischen einzelnen Ländern. Industrienationen und Länder, die knappe und begehrte Rohstoffe besitzen wie etwa die OPEC-Staaten mit ihrem schwarzen Gold, können aktiv an der Preisgestaltung mitwirken und so auf einfache Art und Weise einen ordentlichen Batzen des weltweiten Reichtums einsacken, indem sie das Tauschverhältnis zu ihren Gunsten gestalten.

Für reiche Industrieländer stellt dieser Mechanismus kein großes Problem dar, kontern sie unentbehrliche Rohstoffe wie Erdöl gerne mit Know-how und Hightech. Arme Länder hingegen, die auf den Import von Erdöl wie auch Maschinen angewiesen sind, um ihre Wirtschaftsleistung zumindest nicht völlig in den Boden zu fahren, haben dem nichts zu erwidern. Weil sie keine konkurrenzfähigen Industrieprodukte für den Export besitzen außer Rohstoffe. Sie können Erdöl gegen Kakao, Kaffee oder Baumwolle tauschen.

Einfach erklärt: Um das Tauschgut Kaffee an den nächsten Hafen zu bringen, braucht man einen Lkw. Im Jahr 1985 entsprach der Wert eines Lkw rund sechs Tonnen

Kaffeebohnen. Als ein immenser Frost Brasilien in Zaum hielt und das Gut Kaffee knapp wurde, kostete das Pfund Kaffee in Deutschland im Lebensmitteleinzelhandel folglich umgerechnet fast 5 Euro. 15 Jahre später, im Jahr 2000, waren es unglaubliche 28 Tonnen Kaffee, die der Bauer für einen Lkw eintauschen musste. Mit 3,50 Euro für ein Pfund Kaffee wurde aber im deutschen Lebensmittelhandel das Produkt zum Kauf angeboten. Der Kaffeebauer erarbeitete anno 2000 mit seiner Ernte zwar den notwendigen Lkw, hatte aber keine Ware mehr für den Export.

Nun könnte man meinen: Moment, da gibt es doch die Welthandelsorganisation (WTO) – die muss das doch regeln! Mitnichten. Sie könnte es regeln, tut es aber nicht. Die WTO ist quasi die FIFA der Weltwirtschaft, und ihr Handeln dient dem wirtschaftlichen Erfolg weniger Teilnehmer und nicht der Partizipation aller am Weltmarkt. Sie setzt sich für ein barrierefreies Handeln ein und verhindert als Konsequenz Regeln für Märkte. Auch Rohstoffmärkte.

So gibt es bis heute keine Rohstoffpolitik, die die Preise stabilisieren würde. Schließlich gelten Ernteausfälle nun mal als höhere Gewalt, als das Berufsrisiko des Bauern. Und, es wäre doch nicht auszudenken, was passieren würde, wenn namhafte Banken und Investmentfirmen nicht mehr, wie bisher, blind und rücksichtslos auf Lebensmittel und Rohwaren wetten könnten! Wenn sie keine horrenden Spekulationsgewinne mehr einfahren würden! Wenn Millionen Menschen nicht mehr an Armut und Hungersnot leiden würden …

Aufgrund der Abhängigkeit agrarischer Rohstoffe vom

Finanzwelt-Irrsinn sind Schwankungen zwischen 100 und 300 Prozent auf Rohstoffe aus Entwicklungsländern an der Tagesordnung. Und ganz heimlich, still und leise wird dank der Preistreiberei starker Industriestaaten das Weltsozialprodukt umverteilt. Reiche werden immer reicher, und arme Staaten kämpfen permanent gegen weitere Verarmung.

Die Veränderung der »Terms of Trade« ist ein nettes Geplänkel unter Industriestaaten. Es ist vergleichbar mit zwei Upperclass-Golfern, die um ein Loch spielen und ein paar Scheine darauf setzen.

Für die Dritte Welt jedoch ist dieser Tauschquotient ein Damoklesschwert über der wirtschaftlichen Existenz. Das Handeln von Gütern an den Börsen des Weltmarktes ist ein gewinnbringendes Spiel unter starken Wirtschaftsnationen. Für Entwicklungsländer, die per se und vorsätzlich vom Weltmarkt ausgegrenzt werden, jedoch ist es die Bestandssicherung in Armut.

Diese rücksichtslose Art des Wirtschaftens, die fehlende Wertschätzung gegenüber den Erzeugern hat sich in den letzten Jahren durch zahlreiche Enthüllungsberichte bis zum Kunden herumgesprochen. Auf die liebgewonnene Kakaocreme und den Kaffee am Frühstückstisch will niemand verzichten, aber schmecken soll es nach all den Horrormeldungen um Anbau und Gewinnung der Zutaten trotzdem.

Und trotzdem hilft Fairtrade – der Industrie und dem Handel als neue Marktstrategie des Saubermann-Sortiments. Und uns Kunden hilft es, unser Gewissen zu beruhigen. Dem Erzeuger? Ein klitzekleines bisschen. Nur: Wie hatte Bonifaz es so schön formuliert?

»Es ist besser als nichts. Aber besser als nichts ist nicht besser als nichts!«

Fair ist kein Qualitätsversprechen

Bauern, sagt man, sind »bauernschlau«, und jedes System kann auch von innen ausgetrickst werden, wenn die Rahmenbedingungen nicht zufriedenstellend sind. Als Antwort auf das Problem mit der Überproduktion, die durch viele Fehlstellen im System angeheizt wird, hat die gesamte Fairtrade-Idee nun anscheinend mit Qualitätsproblemen zu kämpfen.

»Du bekommst, was du bezahlst – das stimmt schon lange nicht mehr«, erklärt Usman. Er ist Senior Trader einer in Dubai ansässigen Handelsgesellschaft für Rohstoffe. Der Zufall wollte es, dass ich ihn in Mwanza, Tansania, abends in einem Hotel kennenlernte. Wahre Horrorgeschichten verriet er mir. Wie Erzeuger versuchen, die Industrie und den Handel über den Tisch zu ziehen mit Nussbruch statt ganzer Früchte, bereits aufgegossenen Teeblättern, die nur erneut gefärbt werden, »die Kunden in Europa schmecken den Unterschied sowieso nicht«.

Völlig naiv entgegne ich ihm: »Ich verstehe das alles nicht. Wenn gute Rohstoffe so selten werden, warum setzen sich Qualitätskonzepte wie fair und bio nicht durch? Warum bleiben da Tonnen auf der Strecke?«

Er lacht lauthals auf. Ich bin irritiert.

»Weil bio meist nicht mit industriellen Mindestanforderungen in Sachen Qualitätsmerkmale einhergeht.«

Das leuchtet mir ein, denke ich an den Vergleich eines Handelsklasse-I-Apfels und eines leicht angedellten, runzeligen Bioapfels.

Usman fährt fort: »Bei Fairtrade ist das anders. Der gute Teil der Fairtrade-zertifizierten Ernte ist längst im Markt. Konventionell, ohne Siegel, dafür zu besseren Konditionen für den Erzeuger. Fairtrade ist aus meiner Sicht – der eines Qualitätseinkäufers –, wenn überhaupt, zweite Wahl!« Mehr könne er mir nicht erzählen, entschuldigt er sich. Er habe auch seine Vorgaben.

Am selben Abend noch recherchierte ich im Internet, bis mir die Finger glühten. Ich konnte nicht glauben, was Usman erzählt hatte. Und wurde eines Besseren belehrt. Ich fand ein Rechenbeispiel im *Stanford Social Innovation Review* von Coleen Haight, die theoretisch annahm, was mir Usman praktisch zuvor angedeutet hatte: Ein Bauer hat zwei Säcke Kaffee. Sack A ist von guter Qualität und würde auf dem konventionellen Markt 1,70 Dollar bringen. Sack B ist von minderer Qualität und brächte nur 1,20 Dollar. Sack A läge somit 30 Cent über dem Garantiepreis von Fairtrade, Sack B 20 Cent darunter. So verkauft der Bauer die gute Qualität in den konventionellen Markt und die schlechte an Fairtrade. Damit erzielt der Bauer das größtmögliche Einkommen.*

Genau das hatte der Senior Trader angedeutet, und ich konnte es mir nach meinen Erfahrungen mit Baumwolle in Afrika exzellent vorstellen: das Gute in den Qualitätsmarkt, das Schlechte in den Gewissensmarkt.

---

* http://ssir.org/articles/entry/the_problem_with_fair_trade_coffee

Ich starte eine kleine Umfrage und frage einige Leute, welchen Kaffee sie trinken. Es sind allesamt Menschen, die, wie ich, Kaffee lieben und mehrere Tassen täglich konsumieren. »Bio«, ist oft die Antwort. Einige haben sogar ihren eigenen »Röster«, andere schwören auf konventionelle italienische Bohnenröstung. Zweimal höre ich aus absolut unterschiedlichen Ecken (einmal von einem Textiler, ein anderes Mal von einem Produktmanager im Handel) Sätze wie: »Alles außer Fairtrade. Die Plörre kann man nicht trinken!«

Ich selbst trinke ebenfalls aus Geschmacksgründen keinen Fairtrade-Kaffee. Ich habe noch keinen gefunden, der meinem Gaumen zusagt. Aber »bio« ist auch meine Bohne. Nun ist mein Gaumen wahrlich keine Messlatte, wenn es um die Beurteilung von qualitativ hochwertigem Kaffee geht, dafür gibt es erfahrene Fachleute: Michael Gliss zum Beispiel, Deutschlands erster Kaffee-Sommelier. Im Namen des guten Geschmacks ist er seit über 20 Jahren auf der Suche nach der besten Bohne. Er sagt, dass man schon erklären kann, warum manche Fairtrade-Bohnen nicht schmecken. Ich erwarte endlich die Bestätigung der theoretischen Annahme der Wissenschaftlerin, der Andeutung aus dem Handel und der Irritation meines Gaumens: Die guten Bohnen kommen in den konventionellen Handel, die schlechten in den Gewissensmarkt.

»Wer exzellente Ernten hat, bekommt mit oder ohne Fairtrade sehr gute Preise«, erklärt Michael Gliss. An der Geschmacksproblematik mit fair gehandelten Bohnen sieht er ein anderes Problem: ein Know-how-Defizit.

»Es fing damals alles an, als vor 30, 40 Jahren die ersten Bohnen aus Guatemala fair gehandelt bei uns landeten«, berichtet er. »Damals reichte es, das Siegel aufzukleben, und alles war gut. Es waren zu dieser Zeit die sogenannten Körnerfutterer und Sandalenträger, die damit gerne ein Gutes-Gewissen-Projekt unterstützen wollten. Nur: Heute kannst du mit schlechter Qualität nichts mehr reißen, der Kunde wünscht in erster Linie einen guten Kaffee! Diesen aber zum billigsten Preis! Wenn er bio und fair ist, ist es doppelt gut. Wenn die Produktqualität oder der Preis aber nicht stimmen, kauft der Kunde ihn nicht, fair hin oder her!«

Vielleicht werden deshalb auch vergleichsweise wenige fair gehandelte Kaffeebohnen abgesetzt, frage ich mich leise.

»Die ganze Bewegung fing auf der kirchlichen Ebene an. Viele Projekte wurden dort ins Leben gerufen. Es waren eher Handelsprojekte für eine bessere Welt, keine Qualitätsprojekte für eine bessere Bohne. Man legte größtes Augenmerk auf die Arbeitsbedingungen, aber nicht in erster Linie auf die Qualität in der Tasse. Dafür kümmerte man sich um einen fairen Erzeugerpreis. Damit wurde ein wertvoller Grundstein gelegt. Klar gab es auch Ökopioniere wie einen Niehoff aus Gronau im Münsterland. Er erkannte von Anfang an, dass nur Qualität und sozialer Rahmen einen langfristigen Erfolg bringen. Damit ist er bis heute erfolgreich. Mit dem starken Wachstum des Fairtrade-Marktes hat sich das Know-how aber nicht unbedingt verbessert. Deshalb glaube ich, kann es vorkommen, dass Fairtrade-Bohnen qualitativ nicht an konventionelle heranreichen. Aber«, betont Michael, »es tut sich etwas. Langsam kommen auch die fairen Anbieter dahinter, dass wachsen, wachsen, wachsen alleine nichts bringt.

Man muss die Ware auch verkaufen. Und Kaffee verkauft man über den Gaumen! Eines darf man nicht vergessen: Fairtrade ist wertvoll! Der Lebensmitteleinzelhandel ist die unangreifbare Macht, die Markt und Verbraucher manipuliert. Da braucht es ein Gegengewicht, auch wenn es Nachbesserungsbedarf hat!«

Fair zum Angestellten, nicht zum Leiharbeiter

Die einst gute Idee, nämlich Kleinbauern an der Weltwirtschaft teilnehmen zu lassen, hatte also von Anfang an mehrere Haken, die heute, nachdem aus der charmant-übersichtlichen Bewegung ein enormer Industriezweig geworden ist, noch einen langen Weg vor sich hat.

Nicht nur am Gewissen, auch an Genuss und Gaumen muss gearbeitet werden. Zudem muss endlich das Problem der Überproduktion gelöst werden, das die Bauern zum einen dazu veranlasst, die gute Idee von innen heraus selbst auszuhöhlen. Und zum anderen die existenzsichernden Löhne durch Nichtabsetzen der Ware gefährdet.

Löhne überhaupt sind das letzte Stichwort, das ich hier anführen möchte. Nicht nur, wenn es um die Erlöse von Rohstoffen, die in Kilogramm abgerechnet werden, geht, »decken« Medien immer wieder »Skandale« auf. Wie bereits beschrieben, kann es vorkommen, dass aufgrund der traditionellen Marktmechanismen von Angebot und Nachfrage konventionelle Bauern höhere Erlöse für ihre Rohstoffe erhalten als Biobauern oder Erzeuger innerhalb einer Fairtrade-Kooperative, so dass sie ihre guten Ernten (schließlich hat sich in Fragen der Qualität mittlerweile einiges geändert) in diesen Markt geben.

Richtigerweise muss man festhalten, dass dies vornehmlich bei Kaffee möglich ist. Grund dafür ist, dass ein Kaffeebauer von der richtigen Klimatisierung abhängig ist, nicht aber vom jährlich notwendigen Saatgut. Ein Kaffeebaum hat eine Lebensdauer von 25 Jahren bei guter Pflege. Rund 20 Jahre können hier mit einer Pflanze Ernten und Erträge gewonnen werden.

Bei Baumwolle hingegen ist dies gänzlich anders: Die einjährige Pflanze muss jedes Frühjahr erneut ausgewählt werden. Folglich ist der Baumwollbauer deutlich abhängiger von der Kooperative, die Saatgut ausgibt beziehungsweise die im Besitz der Biosamen ist. Der Kaffeebauer nicht. Diese »Unabhängigkeit« könnte es für den Fairtrade-Bauern einfacher machen, andere Absatzwege zur Steigerung des eigenen Einkommens zu nehmen. Man muss sich auch ganz ehrlich fragen: Wer möchte für einen ganzen Tag sehr harter, körperlicher Arbeit gerade einmal ein existenzsicherndes Minimum erhalten? Ist das fair?

Nun ja, könnte man denken, es ist zumindest ein Anfang! Einige der Plantagenbesitzer und Kleinbauern hingegen scheinen es »nicht fair« gefunden zu haben, wie der Fernsehsender arte aufzeigte. In der Reportage »Fairer Handel auf dem Prüfstand« setzte sich Donatien Lemaître mit der Situation auf mexikanischen Fairtrade-Kaffeeplantagen auseinander. Gleichzeitig wurde die Studie »Fairer Handel, Beschäftigung und Armutsreduzierung in Äthiopien und Uganda« der London School of Oriental and African Studies der University of London (SOAS) veröffentlicht.

In beiden Berichten wurden schwere Vorwürfe gegen das Fairtrade-System erhoben, vor allem in Sachen Löhne. So würden auf Fairtrade-angeschlossenen Plantagen Wanderarbeiter weniger verdienen als Arbeiter im konventionellen Landbau.

Fairtrade reagierte umgehend auf die Vorwürfe, mit dem Verweis auf den neuen Standard für lohnabhängig Beschäftigte, der im Januar 2014 in Kraft trat. Der Kunde war beruhigt, der Handel beschwichtigt. Diese Reaktion war aber eine Nebelbombe. »Lohnabhängig beschäftigt« heißt nichts anderes als fest angestellt. Im Kleingedruckten auf der Website von Fairtrade Deutschland erfuhr der interessierte Kunde dann die ganze Wahrheit. Dort steht: »Neben der seit Januar 2014 neu eingeführten Verpflichtung Fairtrade-zertifizierter Plantagen zur schrittweisen Einführung existenzsichernder Löhne möchte Fairtrade ebenfalls den Status von Arbeitern, die dauerhaft auf kleinbäuerlichen Kooperativen angestellt sind, verbessern.«*

Für mich liest sich das so, dass Fairtrade selbst auf ihren zertifizierten Plantagen gar keine faire Bezahlung garantiert. Anders lässt sich der Plan, schrittweise existenzsichernde Löhne auf fairtrade-zertifizierten Plantagen einzuführen, nicht erklären.

Das also war und ist Fairarsche Nummer eins. Doch es steckte noch mehr in der Erklärung: Das einfach zu überlesende Wort ist »dauerhaft«. Dauerhaft fest angestellt. Jeder Verbraucher weiß heute, dass gerade die Branche

* www.fairtrade-deutschland.de/nc/top/nachricht/article/stellung-nahme-zur-arte-doku-1/

der natürlich erzeugten Rohstoffe ein wortwörtliches Saisongeschäft ist. Während in der Wachstums- und Pflegephase mit einer geringeren Anzahl an helfenden Händen das Tagwerk erledigt werden kann, braucht es zu Erntezeiten jeden »Mann«. Leiharbeiter. Saisonkräfte. Nicht DAUERHAFT Festangestellte.

Fairtrade Deutschland schreibt hierzu am Ende der Stellungnahme: »Gleichwohl hat sich die Situation von (haitianischen) Wanderarbeitern bei Kleinbauernkooperativen noch nicht zufriedenstellend verändert. Ihnen bieten die Fairtrade-Standards aktuell nicht die gleichen Möglichkeiten wie ihren Kolleginnen und Kollegen, die auf Fairtrade-Plantagen angestellt sind.«

Fair ist etwas anderes. Dass dies nicht nur meine Meinung ist, darauf wette ich Brief und Siegel.

Bio als billiges Glücksspiel

Was wir uns wirklich wünschen?
Wir Kunden wünschen uns ökologisch einwandfrei erzeugte Pro-
dukte, hergestellt in unserer Heimat vom kleinen Biobauern, der
regional im Bioladen vermarktet.

Was wir bekommen?
Discount-Bio vom internationalen Biokonzern. Und die Ökover-
bände schweigen.

Was ist bio?

Während sich der faire Handel für bessere Bedingungen für Menschen einsetzt und auf keiner Ebene gesetzlich, also einklagbar, geregelt ist, steht bei bio der Schutz der Natur im Fokus.

Bei der Kennzeichnung »bio« oder »öko« handelt es sich um EU-weit geschützte Begriffe, die man nicht einfach so auf seine Produkte schreiben darf. Generell ist ein Biosiegel daher ein Güte- und Prüfsiegel, mit dem Erzeugnisse aus ökologischem Landbau gekennzeichnet werden. Die europäischen Öko-Richtlinien gelten als Mindestmaß, die zu beachten sind, werden Nahrungsmittelrohstoffe und Lebensmittel erzeugt, die das Biosiegel tragen sollen.

Darüber hinaus haben sich in den letzten Jahrzehnten private Bioverbände entwickelt, die strengere Standards

pflegen. Die ältesten in Deutschland sind Bioland, Demeter und Naturland. Die Anbauverbände sind ebenfalls an
die EG-Öko-Verordnung gebunden, zeichnen sich aber
meistens noch zusätzlich durch erweiterte beziehungsweise strengere Auflagen und Standards wie einen hundertprozentigen Ökoanbau aus. Auch haben die privaten
Bioverbände vereinzelt Arbeitsbedingungen für Erzeuger
in ihren Statuten verankert, treten aber nicht mit dem
Konzept des fairen Handels in Konkurrenz.

Oft werde ich gefragt, was wichtiger sei: bio oder fair?
Meine Antwort ist stets: »Am besten beides! Wenn das
aber nicht geht, dann bio. Von einem regionalen Verband!« Die Begründung mag hart klingen, ist aber ehrlich.
Hundsmiserable Arbeitsbedingungen sind moralisch zu
verurteilen. Menschen, die nicht »fair« behandelt werden,
haben kein gutes Leben, und daher müssen wir alles dar-
ansetzen, dies zu ändern. »Fairness« ist also jederzeit än-
derbar und einführbar. Der Raubbau an der Natur, das
Zerstören unserer fruchtbaren Böden durch Pestizide und
Monokulturen, hingegen ist irreparabel. Flora und Fauna,
die verloren ging, kann man nicht einfach so wiederher-
stellen. Bio ist demnach wichtiger. Für alle, die, wie ich,
die »Enkelwirtschaft« verfechten: eine rücksichtsvolle
Ökonomie. Trotzdem ist der Haken auch hier: das derzeit
herrschende Wirtschaftssystem.

Man muss nicht in die Dritte Welt schweifen, um herauszufinden, dass das Geschäft mit dem guten Gewissen
mehr und mehr zur Farce verkommt. Allen Übels Grund
ist immer wieder das Wirtschaftskonzept des alleinigen
quantitativen Wachstums. Dies macht vor regionalen Be-
wegungen ebenfalls nicht halt.

Während in den rohstoffreichen Ländern Afrikas und Südamerikas nachweislich ein Überhang an fair hergestellten Rohstoffen herrscht, sieht die Situation in unseren heimischen Gefilden laut Angaben von Bioland, dem größten Erzeugerverband von ökologischen, landwirtschaftlichen Produkten, gänzlich anders aus: Hier ist die Nachfrage nach regionalen Produkten, die bio hergestellt wurden, größer als das Angebot. Das zumindest ist die einhellige Meinung der Verbände.

»Wir befinden uns seit Jahren in einem konstanten Markt des Nachfrageüberhangs«, erklärt mir Dirk Vollertsen, Vorstand für den Bereich der Produkte von Bioland und für mich über Jahre hinweg bis heute ein interessanter Gesprächspartner, den ich sehr schätze.

»Wir kommen kaum hinterher mit der Produktion von Nahrungsmitteln aus biologischem Landbau und aus kontrolliert ökologischer Tierhaltung«, erzählt er weiter. Das irritiert mich. Denn immer häufiger berichten die Medien über stagnierende Zahlen, wenn es um die Umstellung konventioneller Bauernhöfe auf ökologische Landwirtschaft geht. Mehr noch. Immer mehr Biobauern würden frustriert der alternativen Anbauwirtschaft den Rücken kehren. Darüber schweigen die Verbände wie Bioland, Demeter, Naturland & Co. »Du wirst auch keinen Bauern finden, der öffentlich dazu steht«, meint ein Bioland-Mitarbeiter. »Die fürchten sich vor der Ächtung durch den Verbraucher!«

Die Zeitungen und Magazine hingegen schreiben über Austritte und Rückkehr zum Althergebrachten. Ein ehemaliger Ökobauer, der absolut offen und öffentlich zu seinem vermeintlichen Rückschritt steht, begegnete mir vor einiger Zeit in einer Reportage des Wirtschaftsmagazins *brandeins*. Es vergingen einige Monate und erneut las ich über die Geschichte des Schleswig-Holsteiners in der *Zeit*. Während ich über genau diesen Zeilen saß, »ploppte« in meinem E-Mail-Postfach ein Newsletter auf mit der Überschrift: »Abkehr von der Ökolandwirtschaft – einmal Biobauer und zurück!« Interessiert klickte ich auf den Link, und da war er wieder: Hans Hinrich Hatje. Diesmal in der Tageszeitung *Die Welt*.

Dort war zu lesen, was in den früheren Berichterstattungen bereits erwähnt wurde. Nach 20 Jahren Bioland-Wirtschaft geht für Bauer Hatje der Schritt wieder zurück ins Konventionelle. Aus ökonomischen Gründen. Die Globalisierung des Biomarktes und der damit zunehmend fehlende Absatzmarkt und Preisverfall für sein Getreide seien schuld.

Das passt doch überhaupt nicht zu den Äußerungen von Dirk Vollertsen, dachte ich mir. Und so recherchierte ich spontan nach der Handynummer, wurde fündig und rief den Bauern einfach an.

Einmal bio und zurück

»Moin«, meldete sich eine sehr freundliche Stimme.

»Guten Tag, Herr Hatje, mein Name ist Trinkwalder, Sina Trinkwalder«, begann ich unser Gespräch. »Sie kennen mich nicht, aber Sie sind mir nun öfters in Berichten begegnet und ich möchte mich einfach mit Ihnen unterhalten. Warum Sie zurück zum konventionellen Anbau gegangen sind.«

»Das war ganz einfach«, antwortete mir Hans Hinrich Hatje in einer sympathisch offenen Art. »Ich wollte wohl, dass es mit dem Hof weitergeht. Aber mit Bio wäre das nicht weitergegangen!«

Er erzählte von guten Zeiten in den 90ern, von viel Arbeit und vom Leben. Dann aber mit der Vergrößerung des Biomarktes durch die EG-Bio-Verordnung, den neuen gesetzlichen Grundlagen und der Internationalisierung der Biorohstoffe ist alles auf einmal anders geworden: »Die haben mir mein Getreide nicht mehr abgenommen. Die Kühe bekamen auf einmal Futter aus Polen.«

»Und andere Absatzmärkte erschließen, wäre das keine Möglichkeit gewesen?«, fragte ich. Ich dachte an regionale Mühlen. Schließlich muss Getreide nicht nur als Tierfutter dienen, es könnte doch auch in unser täglich Brot wandern.

»Dazu gibt es hier bei uns in Schleswig-Holstein nicht die Struktur. Da gibt es nichts. Vielleicht hätte ich es mir in Bayern überlegt, ob ich aussteige, aber hier gab es keine Alternative«, fuhr er fort.

Dabei habe er sich den Schritt zurück, der seinem Hof die Zukunftsfähigkeit brachte, nicht leichtgemacht. Zeitweise sei er aus dem Bioland-Verband ausgetreten und habe »nur noch EG-Bio« gemacht, um sich zumindest die Mitgliedsbeiträge für den höherwertigen Verband zu sparen. Aber wie er es drehte und wendete – es blieb ihm keine andere Wahl als zurück in den konventionellen Landbau.

Nach dem Gespräch hatte ich viel Verständnis für den Bauern aus dem hohen Norden. Wenn das Lebenswerk zur Disposition steht, wenn man den Kindern einen zukunftsfähigen Betrieb übergeben möchte, dann kann man von diesem Standpunkt aus die Entscheidung durchaus nachvollziehen. Vom ökologischen Aspekt her nicht.

»Weißt du, Sina«, sagt ein Bioland-Mitarbeiter, der von einem konventionellen Bauernhof stammt, »es ist nicht in Ordnung, wenn man auf konventionelle Bauern schimpft. Unter ihnen gibt es auch viele gute. Genauso wie es bei uns im Verband einige Betriebe gibt, wo ich sagen würde: Da muss noch ordentlich etwas passieren, damit da ein Verbraucher vorbeisehen kann! Man muss es einfach klar sehen: Wenn ein Bauer Tiere in kleinen Ställen hält, ist das moralisch verwerflich und kein schönes Tierleben, ich lehne das ab, aber – es ist ein temporäres Problem. Wenn Bauern aber unsere fruchtbaren Böden mit Pestiziden versauen, ist das nicht mehr reparierbar. Ökologisch gesehen gibt es keine Alternative zur Bio-Landwirtschaft!«

Das leuchtet ein. Warum aber verlässt ein Bauer einen Bioverband mit der Begründung fehlender Absatzmärkte und gleichzeitig erzählt der Produktvorstand die Geschichte von Nachfrageüberhängen? Tagelang dachte ich über diese Diskrepanz nach. War dieses »Wir können nicht liefern, was nachgefragt wird« nur Wunsch des Verbands? War der fehlende Absatzmarkt die echte Wirklichkeit beim Bauern?

Irgendwann kam mir der Gedanke, dass es sich selbst bei strikt regional wertgeschöpften Bioprodukten, wie es bei Bioland der Fall ist, wie bei Fairtrade verhält: Überproduktion, fehlende Industrie- und Handelspartner, die die Rohstoffe abnehmen, und am Ende läuft die gute Bioland-Milch in konventionellen Pudding? Schließlich ist es dem Konzept Fairtrade durch Überproduktion, Absenken der Mindestmenge an fair gehandelten Rohwaren und nicht zuletzt der Gang zu Aldi und Lidl nicht bekommen: Die Discountisierung hat dem fairen Handel nicht gutgetan. Dagegen dem billigen Handel umso mehr.

»Bioland«, beruhigt mich Dirk mit klaren Worten, »discountisiert sich nicht!«

Heute weiß ich, was dieser Satz eigentlich bedeutet: Bioverbände wie Bioland, Demeter oder Naturland können schlicht nichts gegen die Discountisierung tun. Mehr noch: Sie dulden sie, für mehr Wachstum.

»Schließlich wollen wir der größte Verband bleiben, da wird dann für Wachstum einiges akzeptiert«, erzählt der Bioland-Mitarbeiter. Vehement werden Bauern von den Verbänden angeworben, umzustellen auf ökologische Landwirtschaft. An sich nichts Verwerfliches: Schließlich bringt mehr und mehr ökologische Landwirtschaft nachweislich eine Reduktion der Umweltschädigung. Mehr Bauern im Verband heißt aber auch mehr Macht und politischer Einfluss. Die Gefahr: Eine gute Idee versandet wieder im Größenwahn.

Überproduktion wie die überschüssige Milch von Bioland-zertifizierten Erzeugern?

Josef Wetzstein, Landesgeschäftsführer Bioland in Bayern, sieht es pragmatisch: »Wir wollen, dass immer mehr Bauern ökologische Landwirtschaft betreiben. Das ist gut für die Umwelt. Und Märkte, also Angebot und Nachfrage, wachsen nun einmal nicht parallel!«

Weil also deutlich mehr Verbandsmilch produziert wird als offiziell mit Siegel verkauft, stehen die Nahrungsmittelerzeuger heimischer Verbände vor demselben Problem wie der südamerikanische Kleinbauer aus dem System des fairen Handels.

»Sollen sie die Milch etwa wegschütten?«, fragt Wetzstein. »Die befinden sich in einer regelrechten Frische-Falle.«

Diese Frische-Falle, nämlich das Verderben der Milch, wenn sie nicht schnellstmöglich weiterverarbeitet wird, ist die große Freude der Discounter. Sie kommen zu hochwertigen Produkten in den Eigenmarken.

»Mehr als 90 Prozent der Biomilch, die in Deutschland hergestellt wird, ist ein Verbandserzeugnis, also deutlich höherwertiger als EG-Bio«, so Wetzstein.

Glücksgriff Mogelpackung

Während das Fairtrade-Logo, das grün-blaue Yin-Yang-Zeichen, an mehr und mehr Produkten bei Aldi, Lidl und Co. zu finden ist, sucht man vergeblich nach einem Demeter- oder Bioland-Zeichen an Discounterprodukten. Richtig also ist, dass das sichtbare Siegel der jeweiligen Verbände nicht discountisiert wird. Anders aber verhält es sich mit der eigentlichen Ware, dem Produkt.

»Mit ein bisschen Glück findest du problemlos Bioland- und Demeter-Milch in den Eigenmarken von Aldi und Lidl«, erklärt mir der Bioland-Mitarbeiter in einem erneuten Gespräch.

»Bitte was?«, raune ich erschrocken in den Hörer. Just in diesem Moment kam ich mir selbst, als brave Verbraucherin, die stets die Verbandsmilch im Bioladen für vermeintlich teures Geld kauft, verarscht vor.

»Klar. Schau einfach bei Lidl oder Aldi auf die Rückseite des Milchproduktes. BY 117 heißt, dass Andechser dahintersteckt. Die sind von uns zertifiziert und verarbeiten nur Milch von Bioland und Demeter und liefern an die Discounter.«

»Dummerweise« gibt es in Deutschland ein starkes Verbraucherrecht. Unter anderem müssen Milcherzeugnisse mit der Kennung der Molkerei gekennzeichnet sein. Aber: a) Wer sieht da wirklich nach?, und b) Wer hat die jeweilige Kennung im Kopf und kann die notwendigen Rückschlüsse ziehen?

Ich ziehe los und will sichergehen: Im Kühlregal eines Kauflands finde ich den Beweis. Ich kaufe einen Becher saure Sahne und einen Biojoghurt Vanille. Auf der jeweiligen Verpackung steht die Anbieterkennzeichnung. Nichts mit BY 117, denke ich mir und sehe nach, wer hinter NW 501 steckt. Söbbeke!, wundere ich mich, meine Lieblingsmolkerei. Pauls Biomolkerei. Die kleine, schöne Münsterländer Molkerei. Im Billigsupermarkt.

»Mir geht die fehlende Transparenz auch auf die Nerven«, sagt mein Gesprächspartner, als ich ihn erneut anrufe. »Aber wir wollen wachsen. Und für Wachstum braucht es Übermengen.«

»Und die wollen irgendwo geparkt werden, bis ein Qualitätssupermarkt eine echte Partnerschaft eingehen möchte. So könnt ihr innerhalb kürzester Zeit einen neuen Händler, der bereit ist, für euer Siegel zu zahlen, beliefern. Die Kapazität ist schon da, jetzt kann man es offiziell machen, und die Discounter haben sowieso immer nur kurze Verträge …«, ergänze ich.

Es fiel mir wie Schuppen von den Augen: nicht nur,

dass hochwertige Verbandsmilch zum billigen Glücks-
spiel in der Discounter-Tüte und im Supermarkt-Becher
wird, die Biobauern der Verbände »benutzen« den Billig-
handel für ihr eigenes Wachstum. Die Verbände verurteilen nach außen, und nach innen unterstützen sie dieses
Vorgehen. Die Gelackmeierten in diesem Fall: die Kunden, die nicht bei Aldi einkaufen, sondern aus ebenjenen
ethischen und moralischen Gründen, mit denen auch Bioverbände neue Kunden überzeugen, in den Biosupermarkt, Fachhandel oder Naturkostladen gehen. Idioten –
wie ich.

Marken-Bio völlig überteuert

Meine »Milchmädchenrechnung« veranschaulicht es deutlich: Ein Liter Andechser-Milch kostet bei meinem Bioladen um die Ecke 1,30 Euro, während Aldi den Liter Ei-
genmarkenbiomilch (und nun wissen wir, dass ziemlich
wahrscheinlich dasselbe enthalten ist) für 1,03 Euro über
die Kasse zieht.

Laut Milchindustrie-Verband e.V. lag der durchschnitt-
liche Pro-Kopf-Verbrauch von sogenannter Konsum-
milch (darunter zählen weder Butter, Käse noch Milch-
mischprodukte wie Joghurt und Quark) im Jahr 2014 bei
knapp 60 Litern. Bei einer vierköpfigen Familie wie der
meinen kommen da 48,60 Euro Differenz zusammen – für
dasselbe Produkt. Beim Vanillejoghurt käme eine noch
höhere Differenz zustande. Nehmen wir an, jedes Fami-
lienmitglied isst 250 Becher im Jahr. Bei 1000 Bechern ge-
kauftem Biodiscountjoghurt (39 Cent/Becher) verglichen

mit absolut demselben Markenjoghurt von Söbbeke (89 Cent/Becher) liegt die Differenz bei 500 Euro!!

Würde ich im Discounter meine Biomilch holen, müsste ich bei Legoland nicht an der Kasse anstehen. Würde die vierköpfige Familie Discount-Bio anstelle der ökologischen Markenalternative konsumieren, wäre ein ganzes Ausflugswochenende mehr in der Familienkasse.

»Du darfst da nicht so kritisch sein«, beruhigt mich mein Handelsfreund Michael, als ich ihn frage, ob er »davon« wusste. »Gewusst habe ich es nicht, aber wundern tut es mich auch nicht«, antwortet er. Es gebe immer Produkte, wo die Nachfrage größer sei als das Angebot. Insofern hätte der Produktvorstand von Bioland recht.

»Michael!«, maule ich ihn an. »Ich komme mir verarscht vor. Ich zahle zu viel für dasselbe Produkt!«

»Nein, tust du nicht. Du bezahlst zum einen das Produkt und zum anderen die langfristige Partnerschaft, die der Verband mit einem Handelsunternehmen eingegangen ist. Das muss es dir wert sein«, erklärt er mir.

Während Discounter nur kurzfristige Lieferverträge abschlössen, um jederzeit neue Preisverhandlungen ansetzen zu können, gingen Qualitätshandelsketten wie auch Biosupermärkte langfristige Partnerschaften ein. Dies deckte sich auch mit der Schilderung aus Bioland-Kreisen. Zudem müsse ich, wenn überhaupt, auf die Discounter schimpfen. Das Zauberwort hieße: Kartellrecht.

»Du darfst mir als Hersteller überhaupt nicht vorschreiben, wie ich als Händler meine Preise zu gestalten habe. Würde Bioland zum Beispiel Aldi auffordern, seine Milch, die durch die Kennzeichnungspflicht ja ›nachvollziehbar‹ als Biomilch ermittelt werden kann, teurer zu verkaufen, sind wir bei illegalen Preisabsprachen. Das ist verboten!«

Boah, dachte ich, was es alles gibt! Aber ich verstand zunehmend das gesamte Bild: Der Verband, der die Aufgabe hatte, immer die höchsten Erzeugerpreise zu erzielen. Gleichzeitig möchte man wachsen. Deshalb braucht man einen »Puffer« für den Fall, dass ein großer Handelspartner Lust an einer echten Partnerschaft hat. Bis diese Situation eintritt, parkt man das weiße Gold siegelfrei beim Discounter. Weil die Verbände auf Teufel komm heraus wachsen wollen, benötigen sie den Discounter als Regulativ zum Mengenmanagement.

Nur: Zugegeben wird dies an keiner Stelle in den Verbänden. Schließlich läge das Vermarktungsrecht der erzeugten Rohstoffe in den Händen der Biomilcherzeugergemeinschaften. »Das sind wirtschaftlich eigenständige Vereine, die entscheiden, wohin die Milch verkauft wird! Der Bauer wählt dort einen Vorstand, gibt aber sein Mitspracherecht anschließend ab«, erklärt Wetzstein. »Deutlich mehr als die Hälfte der Verbandsmilch fließt in Supermärkte und Discounter. 100 Prozent Bioladen ist einfach keine Alternative.«

Aldi, Lidl und Co. seien quasi der »Weiße Hai« im Handelsmeer. Irgendwie braucht ihn das Ökosystem, aber sind zu viele davon im Wasser, lebt drum herum nichts mehr. Das sind ja dieselben Marktmechanismen, die wir Kunden durch den dezidierten Kauf von Bioprodukten umgehen wollen, denke ich resigniert.

Dasselbe in Grün

»Mensch, Sina, bio ist mittlerweile komplett durchkonventionalisiert. Der Kunde wünscht sich das romantische Bild des einsamen Hühnchens, das unter freiem Himmel im Sonnenuntergang ein Ei legt«, sagt Michael. »Diese naive Vorstellung kannst du einfach begraben. In ökologischem Torf!«, grinst er.

»Derweil nutzen die Bioerzeuger doch genau diese Bilder in ihrer Werbung!«, erwidere ich.

»Bin ich jetzt der Werber oder du?«

Michael hat vollkommen recht: Wir Kunden wünschen uns die heile Erzeugerwelt, im Rosamunde-Pilcher-Einklang mit der Natur. Der Biobauer, der am besten händisch die namentlich bekannte Milchkuh melkt und seine Milch in Kannen bei der Dorfmolkerei abliefert. Bei diesen Gedanken schmeckt uns der teure Ökojoghurt gleich doppelt so gut, weil wir das Gefühl haben, wir tun Gutes. Wir löffeln Weltfrieden.

Mitnichten. Längst ist aus der kleinen hundertprozentigen Bio-Dorfmolkerei, wie sich Andechser gerne selbst positioniert, ein großer Industriebetrieb geworden. Das Kloster Andechs, einst Geschäftspartner der Andechser Molkerei, kündigte die Beziehungen auf, obwohl sich an der ökologischen Ausrichtung der Andechser Molkerei während der Wachstumsphase nichts an der grundlegenden Haltung zu »bio« geändert hatte, und fertigt den Käse selbst.

Der Grund? Darüber herrscht bis heute das Schweigegelübde. Hinter vorgehaltener Hand jedoch lässt sich erfahren, dass das Kloster mit der Entwicklung nicht einverstanden war:

Einige Jahre zuvor war der konventionelle, französische Milchkonzern Bongrain mit einer Drittelbeteiligung bei der »Dorfmolkerei« eingestiegen. Für überzeugte Anhänger einer alternativen Wirtschaft im Biobereich ist der Einzug eines konventionellen Investors mehr als nur ein »No-Go«. Es kann als Verrat der ganzen Idee gelten. Auch wenn sich die Produktionsbedingungen innerhalb der Andechser Molkerei nicht geändert haben, hatte es mehr als »ein Gschmäckle«, denn die Kooperation von Biopionieren mit konventionellen Konzernen verheißt nie Gutes.

Als Beispiel sei hier Bionade angeführt: Einst war das neuartige Ökogetränk einer kleinen Brauerei Kultgetränk der gesamten Bioszene. Mit dem Verkauf von 51 Prozent der Bionade GmbH im Oktober 2009 an die Radeberger-Gruppe, die zum Oetker-Konzern gehört, wurde die Erfolgsgeschichte abrupt gestoppt. Immense Umsatzeinbußen folgten. Drei Jahre später gingen die restlichen Anteile an Radeberger/Oetker. Dieser Absturz eines Biomärchens saß und sitzt heute noch allen Unternehmern aus der Biobranche in den Knochen, und man pflegt deshalb besonders gut das Image.

Damit also das romantische Bild der Andechser Dorfmolkerei nicht durch die Finanzspritze einer konventionellen Heuschrecke, die uns Kunden unter den Marken wie Bresso, Géramont, Le Tartare, Saint Albray bekannt ist, umkippt, geschah dies als »stille Beteiligung«.

Wer nun denkt: »Boah, dann kaufe ich künftig meinen Käse von Söbbeke!«, kann diesen Wechsel gleich lassen.

Auch bei der Biomolkerei Söbbeke steckt Bongrain dahinter. 2013 übernahm der französische Konzern sogar die Mehrheit. Wir Kunden glauben nach wie vor, »Pauls Bauern« würden höchstpersönlich die Zitzen der Kuh massieren, derweil wird augenscheinlich nur einer gemolken: der Kunde. Im Interesse eines französischen Food-Konzerns. Dieser nämlich stieg sicherlich nicht aus Überzeugung finanziell bei den Biomolkereien sein, sondern aus Profitgier und Interesse an neuen Märkten.

Die vermeintlich »Guten«, die wirtschaftlich alles anders machen wollten, sind also raus aus der Nische und haben sich die großen konventionellen Player an Bord geholt und nutzen ihre Mechanismen. Damit agieren sie keinen Deut besser als die konventionell Etablierten. Während Edeka für die Übernahme von Kaisers/Tengelmann durch alle Medien gehetzt wurde, weil das Kartellamt sein Veto einlegte, geschah dies in der heilen Biowelt ganz still und leise.

Das Bundeskartellamt entschied im Oktober 2015, dass die beiden größten Biomolkereien Andechser Molkerei Scheiz GmbH und die Söbbeke GmbH künftig wieder voneinander unabhängig als Wettbewerber am Markt auftreten müssen, und Bongrain gab sein Inveast bei Andechser auf. Für den Kunden waren Andechser und Pauls Biomolkerei immer schon die kleinen, regionalen, unabhängigen Molkereien. Und es zeigt schön, wie der Biomarkt funktioniert: Die heimelige Marke und das Vertrauen in jene wird kommunikativ fein ziseliert im pittoresken Biomarkt aufgebaut. Der »Return on Investment« geschieht dann über den konventionellen Handel. Masse zu Minimargen. Bio beim Discounter gibt es nun einmal nur vom Biokonzern mit profitgeilen, konventionellen Teilhabern.

»Wenn man ehrlich ist, sind die Markenprodukte, konventionell wie bio viel zu teuer. Der Discounter hingegen ein echter Wertevernichter. Du musst keine 2,59 Euro für ein 500-Gramm-Glas Söbbeke-Joghurt bezahlen, und du solltest keine 89 Cent dafür hinlegen. Eigentlich ist der Kunde am besten mit den Eigenmarken von Biosupermärkten bedient: Er bekommt ein angemessenes Preis-Leistungs-Verhältnis«, erklärt mir Michael. »Richtig ist, dass du mit dem Konsum von Bioprodukten nicht die Wirtschaftswelt veränderst. Dafür musst du schon zum Bauern in den Hofladen. Aber: Du tust etwas für die Umwelt. Und das muss es uns wert sein!«

Richtig ist auch, dass »bio« verglichen mit »fair« innerhalb der EU eine gesetzlich geregelte Produktaussage ist. Nur eine hundertprozentige Biomilch darf als solche ausgelobt werden. Der saure Beigeschmack für den Kunden bleibt dennoch.

»Made in ...«? Nah und fern dasselbe

Was wir uns wirklich wünschen?
Wir Kunden wollen Textilien zu ordentlichen Bedingungen. Wir
wünschen uns am liebsten »Made in Germany« oder »Made in
Europe«, denn da glauben wir, dass es fair produziert wird.

Was wir bekommen?
Industrie und Handel bieten uns Produkte aus Europa, die sie teu-
rer verkaufen und die noch billiger in der Herstellung sind als in
Asien.

»Wenn Bangladesch auf dem Etikett steht, kaufe ich das
nicht mehr. Ich möchte diese Ausbeutung nicht mehr unterstützen. Deshalb muss meine Kleidung aus Europa, am
liebsten aus Deutschland kommen. Da weiß ich, was ich
bekomme«, sagte eine Freundin unlängst zu mir.

»Du weißt nicht, was du bekommst«, antwortete ich
ihr. »Du wünschst es dir allenfalls!«

Wo nämlich »Made in Germany« draufsteht, muss lange nicht »Made in Germany« enthalten sein. Es reicht völlig, wenn der sogenannte letzte Handgriff am Produkt in
dem Land erfolgt, das der Hersteller anschließend ausloben will. Kleines Beispiel gefällig?

Seit 2010 kommunizieren wir bei manomama unseren
Produktionsprozess mit folgenden Worten: »Vom Garn
bis zur Naht hergestellt in Deutschland!« 2014 hat eine
äußerst kreativlose Werbeagentur den Satz dreist für einen
bekannten Unterwäschehersteller geklaut und ihn auf

doppelseitige Anzeigen in Magazinen und Zeitschriften gedruckt. Sie hat den Satz jedoch um ein Wörtchen ergänzt: »Vom Garn bis zur letzten Naht hergestellt in Deutschland!«

Das kleine Wörtchen »letzten« relativiert die gesamte Aussage. Denn: Was zwischen der Spinnerei und dem Annähen des Etiketts passiert, hat den Kunden nicht zu interessieren. Da kann das Garn aus Bayern kommen, kann nach Marokko zum Stricken verschifft werden, der Stoff geht weiter nach Mazedonien, und die fertige Unterhose wird dann hier etikettiert. Fertig ist »Made in Germany«, für das Kunden gerne ein paar Euro mehr ausgeben. Schließlich verbinden Kunden heutzutage das Label mit Qualität. Sie bekommen aber oftmals billigen Ramsch aus aller Herren Länder, der am Schluss »eingedeutscht« wird (in der Textilbranche heißt dies wirklich so!).

Mit dieser Art Kommunikation werden keine Gesetze gebrochen, und somit ist das für Hersteller legitim. Darüber hinaus ist es ein einträgliches Geschäft, das man sich von niemandem verhageln lassen möchte. Deshalb stieß die Idee der EU, »Made in ...« transparenter und schärfer zu gestalten, auf wenig Gegenliebe seitens der Industrie und des Handels.

2013 kamen Tonjo Borg und Antonio Tajani, Mitglieder der EU-Kommission und dort zuständig für Verbraucherschutz beziehungsweise die Industrie, auf die wahnwitzige Idee, Kunden mehr Transparenz zu verschaffen. Ihr Vorschlag: Das Land, in dem die meisten Wertschöpfungsanteile eines Produktes erfolgen, sollte auch beim »Made in ...« genannt werden. Interessierte Konsumenten begrüßten den Vorschlag, Industrie, Handel und Interessensverbände der Wirtschaft wehrten sich mit Händen und Füßen.

Die Wirtschaftsberater von Price Waterhouse Cooper wussten: »Die geplante EU-Verordnung zu Herkunftsbezeichnungen wie ›Made in Germany‹ dürfte Verbraucher verunsichern und Unternehmen stark belasten.« Schließlich würden die Kunden Produktkriterien und keine Herkunftskriterien mit »Made in Germany« verbinden.

Für die Unternehmen hingegen hieße eine solche Neuregelung »Umsatzverlust«. Aus allen Branchen wurde lautstark dagegen gewettert. Selbstverständlich und gerade aus der Textilbranche. Der Präsident des Verbands textil+mode sagte: »Wer heute noch stolz ist, in Deutschland zu produzieren, hat die Glocke nicht gehört!«[*]

Nur, das Produkt als »Made in Germany« ausloben, möchte jeder Marktteilnehmer weiterhin. So scheiterte kläglich der Versuch, dem Kunden durch Neuordnung von Regelungen mehr Transparenz zu verschaffen. Dass aber selbst »echtes« »Made in Germany« nicht besser ist, erlebte ich kurz darauf.

Made in Germany zum asiatischen Einkaufspreis

Fußball ist weltweit ein Milliardengeschäft. Es fließen Unmengen an Gelder für Spieler, Fernsehrechte und Merchandisingartikel. »Och nö, nicht schon wieder die Arbeitsbedingungen von asiatischen Produzenten durchkauen«, mag sich der eine oder die andere nun denken.

[*] Textilwirtschaft 11, 2013.

Ich spare es mir an dieser Stelle. Wer heute noch behauptet, er wüsste nicht, unter welchen widrigen Umständen Sportbekleidung namhafter und weniger bekannter Markenhersteller hergestellt wird, lügt. Mittlerweile wird in zweijährigem Rhythmus (stets um die Europameisterschaft und pünktlich zu den Weltmeisterschaften) kritisch in Hintergrundreportagen rund um das lukrative Massengeschäft Fußball in allen Medien berichtet. Spätestens in den wiederkehrenden Empörungswellen innerhalb der sozialen Netzwerke kommt man nicht an der Information vorbei.

Auch mir war und ist bekannt, dass es keine Freude bereitet, in Vietnam Sportschuhe zu fertigen. Eine meiner Ladys bei manomama arbeitete 14 Jahre in einer Produktionsstätte für Sportschuhe und schilderte ihren alltäglichen Arbeitsablauf – Erzählungen, die mir die Tränen in die Augen trieben. Ebenso erfuhr ich von den Bedingungen der Fußballherstellung in Pakistan, den Trikotage-Näherinnen in China und, und, und.

Ich selbst bin begeisterter Fußballfan und gebe zu, ebenso wie in Fragen nach einem Smartphone, resigniert zu haben, weil es keine Alternative gibt und ich nicht ohne Schalke-Shirt oder FCA-Trikot im Stadion stehen möchte. Das Einzige, wofür ich mich entschied: nicht jede Saison das neueste zu brauchen, weder Trikot noch iPhone.

Umso mehr begeisterte mich der Anblick von Stutzen. Eindeutig von einem sehr bekannten Bundesliga-Fußballclub. In großen Mengen. Der Sockenstricker, den ich im Osten Deutschlands besuchte, war also kein Fan des Vereins, sondern eindeutig Produzent der Stutzen. Wer mich kennt, weiß, dass ich mich über Schönes richtig freuen kann, und begeistert hüpfte ich in der Strickerei herum: »Wie schön! Es gibt doch noch richtig geile Nachrichten! Stulpen, made in Germany!«

Auf meine Nachfrage bejahte der Seniorchef die Produktion, und meiner Freude geschuldet führte er mich Schritt für Schritt durch seinen Betrieb. Er zeigte mir jeden einzelnen Arbeitsgang einer Fußballer-Stutze, und ich staunte nicht schlecht. »Von wegen alles vollautomatisiert!«, sagte ich leise zu mir. »Da ist ordentlich Handarbeit dran!«

»Ja«, erwiderte der Seniorchef. Stricken, abnähen, umdrehen, dämpfen, legen, rollieren, folieren, Verkaufsetikett aufkleben, in Kartons packen, auf Paletten stapeln, ab zum Markenartikler. Frei Haus.

Ich nahm am Ende der Wertschöpfungskette aus einem bereits kommissionierten Karton eine fertig verpackte Stulpe und blickte auf das Etikett.

»19,90 Euro«, sagte ich. »Bevor ich bei euch zu Besuch war, hätte ich gesagt: Boah, typisch Sporthersteller. Produzieren billig in Asien und machen sich hier die Taschen voll, indem sie es den Fans doppelt und dreifach aus derselben ziehen!«

Was mir in meiner übermäßigen Freude nicht auffiel, war, dass dieser ältere Herr im Laufe des Produktionsprozesses augenscheinlich ruhiger geworden ist. Irgendwie war es eine komische Situation, und ich versuchte, diese durch einen Witz aufzulockern.

»Na«, sagte ich, »ist doch nicht alles so schlecht im östlichen Westen.« Und grinste. Mein Gegenüber nicht. Er sah mich an. Ich hatte das Gefühl, dass er beinahe durch mich hindurchsah. Dann setzte er an und begann zu erzählen.

»Nicht so schlecht im Westen?«, sagte er. »Von wegen! Es ist alles andere als gut. Ich bin damals jeden Montag mit auf die Straße. Was haben wir uns die Mauer weggewünscht. Was haben wir dafür gekämpft!«

»Und?«, sagte ich, »es war erfolgreich. Die Mauer ist weg, Freiheit in allen Dingen.«

»Freiheit?« Der Seniorchef lächelte müde. »Das ist keine Freiheit. Vor der Wende warst du als Hersteller was. Man hat dich geschätzt. Du hast was produziert. Deine Produkte wurden gebraucht. Ein stabiler Markt. Und zur Not …« Er unterbrach und musste schlucken. Dann fuhr er fort: »Zur Not hattest du immer was zu tauschen. Heute interessiert sich kein Mensch für meine Socken. Überall gibt es sie im Überfluss, und jeden Tag macht es einer billiger.«

»Ja«, antwortete ich ihm. »Das ist das Gemeine am Kapitalismus. Aber du hast doch den Sportartikler. Ist zwar nicht mein Lieblingsverein, aber mit 19,90 Euro Verkaufspreis bleibt doch wenigstens auch bei dir ordentlich was hängen!«

Wie naiv ich war, wurde mir keine fünf Sekunden später bewusst.

»1,78 Euro«, antwortete der Seniorchef. Mir stockte der Atem.

»Bitte wie viel?«, fragte ich nach.

»1,78 Euro«, wiederholte er. Ich hatte mich nicht verhört. Er setzte nach: »Den Preis bekomme ich für Material, machen und frei Haus auf dessen Hof. Was meinst du, was das für ein Gefühl ist, wenn du weißt, was du für deine Arbeit bekommst, und daran denkst, während du das Preisetikett aufklebst und knapp 20 Euro liest? Ich weiß überhaupt nicht, wie das gehen soll, wenn in den nächsten Monaten der Mindestlohn eingeführt wird. Damit ich über die Runden komme, verkaufe ich am Wochenende immer auf Märkten meine Socken. Das ist keine Freiheit!«

»Nein«, dachte ich. »Das ist moderne Lohnsklaverei im eigenen Land!«

Auf der Autofahrt nach Hause wurde mir das gesamte Dilemma des Sockenherstellers erst richtig bewusst. Andere Produkte zu fertigen war schlicht nicht möglich, waren die Maschinen spezielle Entwicklungen nur für diese Stutzen nebst der vom Auftraggeber gewünschten Verpackung. Und bestimmt noch nicht abbezahlt. Die Preise deutlich anzuheben würde zur Folge haben, dass selbst das letzte Teil der Fußballer-Ausstattung in ein Billiglohnland abwandert.

Einige Monate vergingen und der Mindestlohn wurde eingeführt in Deutschland. Das Sockenprojekt für meine eigene Unternehmung lag auf Eis, weil wir noch keinen Ansatz gefunden hatten, das typische Plastik, den Elasthananteil in den Socken, gegen natürliche Fasern zu ersetzen. Trotzdem versuchte ich immer wieder, das Familienunternehmen zu erreichen. Vergeblich. Meine größte Befürchtung schien sich zu bewahrheiten: Die Firma hat den Kampf gegen Preis und Markt verloren. Der Zufall wollte es, dass ich zwei Jahre später dennoch den letzten Versuch startete. Als ich mein E-Mail-Postfach aufräumte, entdeckte ich eine alte Nachricht des Sockenstrickers, und ich griff kurzerhand zum Telefon. »Ja«, sagte die Dame am anderen Ende des Telefons. »Hallo«, erwiderte ich. »Ist ihr Chef zu sprechen?«

»Nein«, antwortete die freundliche Stimme am anderen

Ende der Leitung. »Aber ich kann Ihnen die Tochter geben, die kümmert sich auch um das Geschäft!«

Ich war erleichtert. Das Geschäft. Es gibt die Strickerei also noch. Ich lehnte dankend ab, denn ich wollte nicht stören. Vielmehr hinterließ ich meine Telefonnummer und bat darum, ob der Seniorchef mich zurückrufen könnte. »Worum geht es denn?«, fragt die Dame. »Um Fairness«, sagte ich.

Ich war noch nicht recht wach, als bereits das Telefon klingelte. Ein Blick auf das Display verriet mir sofort, dass es der gewünschte Rückruf war.

»Ja?«, meldete ich mich am Telefon.

»Siiiinnaaaaa, Morgen, ich bin's!«, begrüßte mich der Seniorchef. »Wie schön, dass du dich gemeldet hast. Was ist los?«

Ich fragte ihn, wie es ihm ginge. Wie es um seine Unternehmung stünde.

»Frage nicht«, antwortete er. »Alles beim Alten. Immerhin hatten wir vor drei Monaten ein sehr hartes Gespräch mit dem Sportartikler. Zwei Stunden lang. Es war so schlimm, ich musste manchmal wirklich das Büro verlassen. Die großen Konzerne drücken uns kleine aus, da bleibt nichts mehr übrig. Aber wenigstens haben sie akzeptiert, dass wir ein paar mehr Cent bekommen, damit wir den Mindestlohn bezahlen können.«

Das also sind die fairen Arbeitsbedingungen »Made in Germany«, die große Sportkonzerne schaffen und damit Millionenerträge einfahren. Bei den Preisen ins Ausland gehen, würde sich für sie nicht lohnen: mit Steuern, Zöllen, Transport und dem damit verbundenen Verwaltungsaufwand käme es wohl teurer. Das Traurigste: Der Kunde glaubt durch seinen Kauf die heimische Wirtschaft zu unterstützen und ist bereit, ein wenig tiefer in den Geldbeutel zu greifen. Eine Geste, die niemals am anderen Ende der Kette ankommt, weil der Schiri vorher abpfeift. Ein Foul auf ganzer Linie.

»Also alles beim Alten, nur mit neuen Rahmenbedingungen?«, fragte ich.

»Ja. Zu viel zum Sterben, zu wenig zum Leben. Aber ich habe Verantwortung für meine Leute! Ich kann nicht einfach aufhören«, antwortete er. Und er fügte hinzu: »Wir sind schon die Deppen, die hier Arbeitsplätze schaffen!«

Intransparenz

Es ist also völlig irrelevant, welches »Made in ...« der Kunde kauft, da sich Auftraggeber und Hersteller das Etikett »schnitzen«, wie es das Marketing benötigt: Es wird das Ursprungsland nach Gusto angegeben. Ebenso sucht der Kunde oftmals vergeblich nach dem Ursprungsland auf dem Etikett. Statt einem »Hergestellt in ...« findet er ein »Hergestellt für ...«. Dies erfolgt gerne dann, wenn der Importeur oder das Markenunternehmen die positiven Eigenschaften seines Firmensitzes nutzen möchte. Köln klingt deutlich besser als Kambodscha, Berlin besser als Bangladesch. Der Kunde ist völlig verwirrt und sucht den Durchblick – und die Wirtschaft liefert ihm diesen. Durch die rosa Brille versteht sich.

Boss. Die schwäbische Unschuld vom Lande zum Beispiel. Jenes Markenunternehmen aus Metzingen, das im Zuge der Globalisierung Tausende Arbeitsplätze in Baden-

Württemberg vernichtete. Heute wird in Metzingen noch ein bisschen designt und ein wenig genäht. Für Muster. Und im Notfall.

»Wenn beispielsweise ein Anzugmodell richtig gut läuft, und mitten in der Saison noch Nachbestellungen kommen, dann werden ein paar Teile noch in Metzingen genäht. Das war es aber«, erzählte mir ein Textiler, der weltweit für alle namhaften Marken unterwegs war, um neue Produktionsstraßen in Betrieb zu nehmen.

Auch einer meiner Bekannten, ein Tuchweber, beklagte sich: »Wir dürfen da den Keylook weben. Das heißt 50 Mustermeter auf einer Kurzkette, und sie erzählen uns dann, nach den Messen kämen die Mengen. Was aber kommt? Nichts. Die Mengen laufen in der Türkei und Asien. Wir sind nur das billige Musterbüro!«

Das ist ja fast wie bei der Biomilch, dachte ich mir. Mit etwas Glück bekomme ich ein echtes Stück Kleidung von der schwäbischen Alb – mit Mustermetern und auf dem letzten Drücker nachbestellt und genäht. Mit großer Sicherheit und in den meisten Fällen hingegen greift man bei der Modemarke wie bei vielen anderen zu einem weltweit gesourcten Produkt. Dennoch sitzt tief in den Konsumentenköpfen das Bild des schwäbischen Herrenausstatters. Und das soll da auch nicht raus. Qualität »Made in Germany« und »gmacht auf dr Alb« verkauft sich schließlich für teuer Geld. Deshalb pflegt man nach wie vor den »Werksverkauf« in Metzingen, der längst Dimensionen einer enormen Shoppingmall angenommen hat und mit Waren aus der ganzen Welt bestückt wird.

Mit diesem herausragenden Marketing und einer radikalen Internationalisierung erbeutet man Jahr für Jahr

Millionengewinne. Im Jahr 2014 waren es rund 440 Millionen vor Steuern. Geld, das mit dem Bild des netten schwäbischen Herstellers und zu Lasten derer, die die Produkte herstellen, erwirtschaftet wurde.

Verdient wurde der Überschuss nicht. Er wurde jenen genommen, die für diesen Gewinn sorgten: die Menschen in der Wertschöpfungskette. So lässt Hugo Boss in Ländern wie der Türkei, Bulgarien und Rumänien fertigen. Sieht man aber genauer hin, sind diese Herstellungsländer ebenso desolat wie Bangladesch und Vietnam. Laut einer Studie der Clean Clothes Campaign werden in diesen Ländern durchschnittlich 14 Prozent des notwendigen Mindestlohns bezahlt.

Zudem hat gerade Boss in der Türkei »Probleme« mit Gewerkschaften. Damit man billig weiterfertigen kann, entledigt man sich kurzerhand dieser Probleme. Denn: 440 Millionen Gewinn ist zu wenig, und der Mindestlohn für einen türkischen Akkordarbeiter scheint viel zu viel. Rund 3000 Menschen arbeiten laut Labournet für die vermeintliche Nobelmarke und würden »zu Hungerlöhnen Bekleidung fertigen«. Wer sich dagegenstelle, fliege.[*]

Seit Jahren verbessert sich für die Menschen in den herstellenden Betrieben nichts, alleine das Geschäftsergebnis des Modekonzerns verbessert sich Jahr um Jahr. Groß an die Glocke werden die Missstände nicht gehängt. Der Grund ist einfach: Es gibt nach wie vor genügend Kunden, die dem volkstümlichen Regionalanbieter das Geld

---

[*] www.labournet.de/internationales/tuerkei/gewerkschaften-tuerkei/deswegen-billigproduktion-in-der-tuerkei-hugo-boss-entlaesst-gewerkschafter/?cat=7567

hinterhertragen. Nach wie vor glaubt der Kunde an das Märchen des mittelschwäbischen Modeunternehmens. Allen voran jener, der im Ausbeuter-Anzug gegen Ausbeutung kämpft.

»Was tragen Sie eigentlich?«, fragte ein lokaler Journalist den Minister für Entwicklungshilfe, Gerd Müller, als ich ihn auf einer Veranstaltung im August 2014 traf und direkt neben ihm stand. Der Minister lud zur Podiumsdiskussion ein und bat mich ebenfalls teilzunehmen.

»Ich?«, lächelte der Minister.

»Ich trage regionale Männermode von der schwäbischen Alb!«, verabschiedete sich und tourte weiter durch Deutschland, um Bündnispartner für sein neues, faires Vorhaben zu gewinnen.

Nichts als dreckige Wäsche!

Beste Bedingungen im billigen Bangladesch

Was wir uns wirklich wünschen?
Wir Kunden wünschen uns eine saubere Herstellung unserer Kleidung im globalen Kontext, die von politischem Engagement unterstützt und gefordert wird.

Was wir bekommen?
Wirkungslose Märchen rund um die saubere Kleidung, denn die Politik ist im Würgegriff von Industrie, Handel und NGO. Und zum Erfolg verdammt. Koste es, was es wolle.

Tonnen von Schutt und Steinen, darunter exakt 1127 Tote und 2438 teils Schwerverletzte. Jedes einzelne Opfer war eines zu viel. Es war der größte Unfall in der Geschichte des Landes Bangladesch. Die grausamen Bilder des Gebäudeeinsturzes einer Näherei in Sabhar, etwa 25 Kilometer entfernt von der bengalischen Hauptstadt Dhaka, gingen am 24. März 2013 um die Welt – und erschütterten sie:

Nie wurde sichtbarer, was westliche Konsumgier nach dem Billigsten anrichtete. So betroffen wie die gesamte Welt sich gab, so geschlossen war man sich einig, umgehend die Zustände in sogenannten Billiglohnländern, allen voran in Bangladesch, zu ändern. Wochenlang wurde auf allen medialen Kanälen immer und immer wieder das »Was muss man ändern?« und »Wie kann man es ändern?« erörtert und diskutiert. Ich selbst wurde zu dieser Zeit ebenfalls als Vertreterin des Gegenkonzepts, der regionalen Wertschöpfung von Produkten von Anfang bis Ende, zu Günther Jauchs Talksendung eingeladen. Es war zu einem Zeitpunkt, als die einzelnen NGOs mitsamt einer Reihe von Politikern in blinden Aktionismus verfallen sind. In kürzester Zeit wurde das Brandschutzabkommen ins Leben gerufen.

Volle Verpuffung: das Brandschutzabkommen

»Das war eine völlig irrsinnige Aktion«, erinnerte sich ein CSR-Verantwortlicher eines Konzerns, der ebenfalls zur Rechenschaft gezogen werden sollte, obgleich er laut eigenen Angaben »nur einen minimalen Anteil in Bangladesch produzieren« ließ. »Da hat man uns Händler einfach zur Unterschrift gedrängt. Ich habe versucht, so lange wie möglich dagegenzuhalten. Kein Mensch unterschreibt ein Abkommen ohne Inhalt!«

»Wie, ohne Inhalt?«, fragte ich verwundert.

»In diesem zu unterschreibenden Dokument war weder geregelt, wie viel wir einbezahlen sollten, noch wofür das einbezahlte Geld verwendet würde. Es gab nur einen Zeitplan, wann man sich nach der Unterzeichnung treffen würde, um die eigentlich notwendigen Rahmendetails, die vor einer Unterschrift klar sein müssten, zu klären. Ich habe den internationalen Gewerkschaftsvertretern und NGOs gesagt: »Moment, erst möchte ich wissen, wie viel und wofür!« Die aber sagten: »Wie viel regeln wir nach der Unterschrift, und wofür auch!« Nach Druck durch einige Demonstrationen von NGOs und auch die Medien wurde das Dokument durch unsere Geschäftsleitung unterzeichnet. Völlig ohne Konzept, reiner Aktionismus!« Dass sich seine Aussagen mit der Wahrheit deckten, zeigten mir die Unterlagen, die ich von anderer Seite zum damaligen Zeitpunkt bekam. Der Head of Department der Uni Global Union (Dachverband der Gewerkschaften) freute sich in einer E-Mail, dass ein weiterer Konzern seine Bereitschaft zeigte, sich am Brandschutzabkommen zu beteiligen, unter der Voraussetzung, es liege ein Konzept und Maßnahmenplan vor. Sprich: Auch hier würde eine Unterschrift erfolgen, wenn denn ein Plan zum Unterzeichnen vorliege.

Darauf antwortete der Vertreter des Gewerkschaftsdachverbands: »Um sich in den kommenden sechs Wochen in die Entwicklung des Maßnahmenplans, der Struktur, des Finanzmodells etc. einzubringen, müssten Sie aber voll dabei sein, das heißt unterschreiben.« Während man

bei der Uni Global Union das Vorhaben als »bahnbre-
chende Initiative« verkaufte, stieß die Katze im Sack bei
Wirtschaft und Handel auf breite Ablehnung. Nur unter
Zwang und Druck von außen wurden die Unterschriften
eingesammelt.

Wenn man heute die Situation betrachtet, lag der
CSR-Manager mit seiner Einschätzung, dass das Engagement nicht sehr erfolgreich sein würde, nicht falsch. Über
das Brandschutzabkommen spricht niemand mehr. Es ist
still geworden.

»Das war abzusehen. Wir haben dann alle in einen
Topf Geld geschmissen, und daraus wurde zunächst einmal die Geschäftsführung der Accord* bezahlt. Ich bitte
Sie: 300 000 US-Dollar pro Geschäftsführer. Und der Accord hatte gleich zwei. Dann wurde Bestandsaufnahme
gemacht. Aus Europa flogen die Zertifizierer nach Asien
und überprüften die Gebäudesicherheit. 16 000 US-Dollar
für eine kleine Näherei? Für dasselbe Geld könnte ich mir
hier in Deutschland unseren gesamten Konzern-Campus
zertifizieren lassen!«

Die Ausführungen des CSR-Verantwortlichen zeigten
mir in klarer Weise, warum dieses Brandschutzabkommen
niemals funktionieren konnte: Von keiner Seite war ein
ernsthafter Wille zu spüren, die Missstände zu beheben.
Handel und Industrie fühlten sich »erpresst« seitens der
NGOs. Die wiederum nutzten das Unglück in Bangladesch in erster Linie, um Stimmung gegen die Modehänd-
ler und für mehr Spendengelder zu machen. Und die Poli-

---

* Das ist die gegründete Unternehmung, die das Brandschutzabkommen in Bangladesch vor Ort umsetzen sollte.

tik? Ja, die war sich sicher, dass man dagegen etwas tun müsste, aber der richtige Durchblick, was, fehlte. Zu dieser Zeit hieß der Entwicklungshilfeminister übrigens Niebel.

Die Halbherzigkeit des gesamten Engagements aller drei Parteien zeigt sich auch wunderbar in dem Abkommen selbst. Die unterzeichnenden Firmen haben sich bereit erklärt, gewisse Sicherheitsstandards in ihren Zulieferfirmen in Bangladesch durchzusetzen. Die auftraggebenden Modeketten und Textilhandelsunternehmen sind also verpflichtet, für mehr Sicherheit zu sorgen. Wird bei einem der Zulieferer mangelnde Sicherheit durch den Accord festgestellt, hat die Modekette dafür zu sorgen, dass diese hergestellt wird.

In der Realität funktioniert dies so, dass der Modekonzern dem Nähereibesitzer eine Frist zur Mängelbeseitigung setzt. Diese kann der Nähereibesitzer meist nicht einhalten. Deshalb kündigt der auftraggebende Konzern die Geschäftsbeziehungen. Der hauseigene »Code of Conduct« wird eingehalten, der Modekonzern hält sich an die Accord-Richtlinien. Die arbeitslosen Näher und Näherinnen? Man könnte böse unterstellen, dass jene dort wieder Arbeit finden, wo der Modekonzern hinwechselt: in die nächste unsichere Billignäherei. Bis das Accord-Team vorbeikommt und Sicherheitsmängel feststellt.

Das Brandschutzabkommen ist also ein Katz-und-Maus-Spiel zwischen Wirtschaft und Accord geworden. Das gesamte Abkommen beschränkt die Verantwortung der Handelskonzerne und ist kein ausreichender Hebel, um eine ernsthafte Änderung herbeizuführen. Für die Leidtragenden am Ende der Kette, für die Näherinnen und Näher, hat sich bis zum heutigen Tag nichts geändert.

Frankreich hat dies mittlerweile erkannt und ein Gesetz erlassen. Diese Regelung betrifft die allgemeine gesetzliche Sorgfaltspflicht für Unternehmen bezüglich ihrer negativen Auswirkungen auf Menschenrechte und Umwelt. Das Gesetz stellt Menschenrechtsverletzungen in der globalen Lieferkette unter Strafe.

Und in Deutschland? Wir brauchen so etwas nicht. Denn wir haben den Entwicklungshilfeminister Müller. Dessen unerschütterlichen Glauben an die Integrität der Wirtschaft und zuletzt: seinen »grünen Knopf«. Wieder ein Siegel ...

Der grüne Knopf, läuft wie geschmiert!

Siegel sind etwas Feines. Etwas Bequemes. Sie entbinden uns vom Denken. Und, einmal genauer betrachtet, haben wir überhaupt keine Zeit zum Denken. Vor lauter Konsumieren. So greifen wir beherzt ins Regal, wenn das grün-blaue Yin-Yang-Zeichen uns »Fairness« vermittelt, wir futtern Fisch in rauhen Mengen, denn das blaue Oval verspricht uns »nachhaltige Fischwirtschaft«. An unserer Teakholz-Gartengarnitur empfinden wir wieder Freude, wenn es FSC ist. Und, überhaupt, wo bleibt das Krombacher Bier? Wir müssen noch etwas für den Regenwald tun. Schließlich spendet der Bierhersteller für jeden Kasten einen Obulus für den Erhalt der grünen Lunge. Früher hieß es in Bayern: »Zwei Weißbier sind auch ein Schnitzel!« Allein aus kulinarisch-ethischen Gründen kann sich diesen Ausspruch heute keiner mehr leisten, ohne von der moralinsauren Food-Polizei geteert und gefedert zu werden. Wohl aber: »Drei regionale Bio-Dinkel-Pils sind auch ein Quadratkilometer Regenwald!«

Böse Zungen behaupten, die katholische Kirche, die einst mit kleinen Briefchen des Sünders große Last gegen Bares nahm, erstarrt vor Neid über die Professionalisierung ihrer Idee: des Ablasshandels. Dabei war ein Siegel in seiner ursprünglichen Form, ein Siglium, eine Art Echtheitsbekundung und Beglaubigung über die Unversehrtheit von Gegenständen. Heute ist es nichts anderes mehr als eine beglaubigte Wahrheit privatwirtschaftlicher Interessen, die nur einem dient: dem Wachstum unter dem Deckmäntelchen des Weltverbesserns.

Wie blind nicht nur der Konsument nach fairtrade-gehandelten Produkten giert und darüber hinaus jegliches Denken über eine sinnvolle Wertschöpfungskette ausblendet, zeigte wunderschön der Auftritt des Entwicklungshilfeministers Gerd Müller in einer Sendung »Pelzig hält sich«.

Der Minister betrat die Bühne, setzte sich und nahm die Teebeutel aus dem Kultbowlenglas. Anschließend griff er in sein mitgebrachtes Gastgeschenk, fair gehandelten Pfefferminztee, hängte demonstrativ einen Beutel in das Bowlenglas und sagte: »Erstens Mal schmeckt diese Bowle viel besser und wenn sie dann noch einen fairen Tee hineinhängen, dann tun Sie noch etwas Gutes für die Menschen, die auf den Plantagen arbeiten!«

Wer das Buch bis hierher aufmerksam gelesen hat, weiß nun, dass dem nicht so ist. Aber mehr noch. Ich wunderte mich über dieses völlig unsägliche Beispiel für fairen Handel. Aus einem ganz anderen Grund. Einige Wochen später besuchte mich Frank Markus Barwasser und wir gingen in der Mittagspause essen. Wir unterhielten uns über seine letzte Sendung. Mit dem Minister.

»Du hast dem Minister schön auf den Zahn gefühlt«, sagte ich.

Markus lächelte und sagte: »Ja, aber das ist nicht einfach. Die sind wirklich gut im medialen Umgang.«

»Ich weiß«, grinste ich. »Aber eines hätte ich ihn schon gefragt.«

»Was denn?«

»Warum muss ein Entwicklungshilfeminister einen fairen Pfefferminztee aus Ägypten, der nur durch künstliche Bewässerung wachsen kann und wo nicht sichergestellt werden kann, dass Plantagenarbeiter sauber und fair bezahlt werden, öffentlichkeitswirksam in ein Glas hängen, während hier, bei uns zu Hause, das Kraut an jeder Ecke wächst? Das ist doch absurd!«, sagte ich.

»Du hast recht«, antwortete Markus.

Dieses Beispiel zeigt schön, dass wir alle aufgehört haben zu denken. Anders kann man sich nicht erklären, dass man einen vermeintlich fair erzeugten Tee mit langem Transportweg dem heimischen Erzeugnis vorzieht.

Doch nicht nur bei »fremden« Siegeln lebt uns die Politik blinde Gefolgschaft vor, für jeden Politiker scheint ein »eigenes« Prädikat mittlerweile zum guten Ton der Legislaturperiode zu gehören. Sieht man genauer hin: speziell für CSU-Politiker, die über ihren bayerisch-regionalen Rand hinaus auf Bundesebene so richtig etwas bewegen wollen.

Geradezu siegelwütig war Ilse Aigner während ihrer Funktion als Verbraucherschutzministerin. 2009 führte sie das freiwillige Siegel der gentechnikfreien Lebensmittel ein. »Greift viel zu kurz«, verlautete es damals aus den Kreisen der engagierten Bürger und Aktiven. »Ein erster Schritt«, verteidigte das Bundesministerium für Verbraucherschutz.

Kurz darauf hielt Ilse Aigner ein Siegel für den Fischkauf für notwendig. Man wolle den Begriff der nachhaltigen Fischerei neu definieren, erklärte ein Sprecher der Ministerin. Sowohl in der »Fischszene« als auch beim Verbraucher stieß dies auf Verwunderung. Ein solches Siegel gab es doch schon: MSC.

Ich hatte das Vergnügen, mit dem Entwicklungshilfeminister Müller einige Monate vorher in Augsburg ein Podium zu teilen. Auf diesem ging es um das Textilbündnis des Ministers. Kritisch betrachtet ein völliger Quatsch. Nicht nur, dass es wieder mal ein Siegel ist, es ist darüber hinaus ein sinnfreies dazu. Unter dem »grünen Knopf«, wie ihn sich der Minister vorstellte, würden nur bestehende Richtlinien und Siegel zusammengeführt. Als Siegel aller Siegel quasi. Aber: Ein Siegel. Sein Siegel. Die grundlegende Idee kam weder bei der Industrie gut an, noch interessierten sich NGOs dafür. Selbst im eigenen Ministerium wurde das Vorhaben des Ministers angezweifelt. Umso mehr wunderte es mich, dass im Juni 2015 das Ministerium Vollzug meldete: Die großen Textilmarken sind diesem Bündnis beigetreten. Und gleichwohl haben sich die NGOs zu Wort gemeldet, dass es ein großartiges Ding und ein guter Grundstein wäre.

»Hä?«, wunderte ich mich. »Gestern waren alle dagegen, und heute sind sie geschlossen dafür?«

Ich sprach mit einer Freundin, die bei einer Umwelt-NGO arbeitet, darüber. Sie könne sich das auch nicht vor-

stellen. Vielleicht habe man da »besondere Überzeugungs-
arbeit« geleistet, so ihre Vermutung.

Leider war ich zu naiv, um »besondere Überzeugungs-
arbeit« sofort zu verstehen. Zunächst erklärte ich mir den
Sinneswandel mit den Änderungen der Regeln des »grünen Knopfs«. Man hat das Bündnis in seinem Regelwerk
entschärft und eine »Basis für den Massenmarkt« geschaffen, erklärte ein Vertreter des Ministeriums.

Uwe Kekeritz, der entwicklungspolitische Sprecher der
Grünen sieht dies gänzlich anders. Außer einigen ergeb-
nislosen Gesprächsrunden und einer unnützen App wäre
nicht viel geschehen, so Kekeritz in einer Pressemittei-
lung: »Erst düpieren ihn die Unternehmen, indem sie das
Bündnis boykottieren. Dann nutzen sie ihren Beitritt, um
die Spielregeln zu verwässern. Die Industrie lacht sich ins
Fäustchen. Verbände und Unternehmen feiern sich dafür,
die Verbindlichkeit aus den Statuten des Bündnisses her-
ausverhandelt zu haben. Das Bündnis dient ihnen jetzt als
regierungslegitimierte Werbeplattform, mit der sie zeigen
können, wie gerne sie an der Verbesserung der Arbeitsbedingungen in der Textilbranche mitarbeiten.«

Was der Vertreter des Ministeriums mit »Basis für den
Massenmarkt« meinte, war also nichts anderes als Ver-
bindlichkeiten aus dem Regelwerk zu streichen, um Un-
terzeichner aus der Wirtschaft einzusammeln.

So war in der ersten Version des Aktionsplans noch
die »2020« zu finden. Bis zu diesem Jahr sollten sich die
unterzeichnenden Bündnismitglieder verpflichten, existenzsichernde Löhne in den Zulieferbetrieben durchzusetzen. Doch Verbände und Industrie haben sich gegen
den Minister durchgesetzt, die Jahreszahl fiel weg. Aus

dem konkreten Ziel wurde ein »Machen wir irgendwann einmal!«.

Das völlige Aufweichen der Forderungen war also der Grund, warum Unternehmen sich nach erster Ablehnung doch zu einer Unterzeichnung hinreißen ließen. Schließlich passierte mit der Unterschrift nichts Relevantes. Warum aber waren zahlreiche NGOs und gemeinnützige Vereine, die sich zunächst ebenfalls sehr kritisch zeigten, auf einmal regelrechte »Fans« der Müller'schen Idee?

»Ganz einfach: die werden durchfinanziert«, erklärte mir die Freundin, die selbst bei einer NGO arbeitet.

»Wie, durchfinanziert?«, fragte ich.

»Na, die erhalten halt für Projektchen Geld!«

»Du meinst, die werden gekauft?«, fragte ich vorsichtig.

»So was würde ich niemals öffentlich behaupten. Und es wäre auch schwer zu beweisen, schließlich steht da ja niemand öffentlich auf und jammert: Komm, lieber Minister, ich finde dein Bündnis toll, aber dafür möchte ich Geld sehen!«, sagte sie.

Und irrte. Der Zufall wollte es so. Ich las das Protokoll der Mitgliederversammlung des Internationalen Naturtextilverbands vom Mai 2015. Unter »Top 7« war zu erfahren, dass ein Mitarbeiter des Bundesministeriums für Arbeit auf der Versammlung gewesen sei und das Bündnis für nachhaltige Textilien vorstellte, welches auf breiter Basis als Standard im Massenmarkt verankert werden sollte. Anschließend traf mich der Schlag. Wortwörtlich war dem Protokoll zu entnehmen: »Mitglieder des IVN fragen nach den Möglichkeiten, eine Förderung durch das Bundesministerium für wirtschaftliche Zusammenarbeit und Entwicklung zu erhalten. Es wird Unmut über die Förderung von anderen Organisationen geäußert sowie darüber, dass der IVN für sein Engagement im Textilbündnis keine Vergütung durch das Bundesministerium für wirtschaftliche Zusammenarbeit und Entwicklung erhält.«

»Eine Vergütung? Ich krieg die Motten«, dachte ich mir. Und für mich als Textilerin bedeutete das nichts Gutes. In diesem Moment hatte ich meine Erklärung, warum nicht nur Unternehmen, sondern auch NGOs auf einmal Süßholz raspelten, wenn es um das Bündnis des Ministers ging. Eigentlich tat er mir gleichzeitig leid. Zum einen, weil ich Gerd Müller als wirklich sympathischen Menschen kennenlernen durfte, zum anderen, weil ich ernsthaft der Meinung war (und nach wie vor bin), dass er es gut meinte. Aber, gut meinen ist nicht gut machen. Und deshalb scheint es Hilfsmittel wie Geld zu benötigen.

Dass nicht nur mir diese Meinungsschwankungen der beteiligten Bündnispartner komisch vorkamen, zeigte sich kurz darauf. Die Grünen im Bundestag beäugten das gesamte Prozedere ebenfalls mit Argusaugen, und Renate Künast wollte es genauer wissen. Sie stellte über den Deutschen Bundestag eine Kleine Anfrage zum Thema »Nachhaltige Textilien – Sachstand Textilbündnis« und forderte Antworten seitens des Ministeriums. Unter anderem, wer bereits Gelder vom Entwicklungshilfeministerium bekam oder beantragt hatte. Das Ministerium musste Auskunft geben, und es wurde ersichtlich, dass zahlreiche »Bündnismitglieder« ebenfalls Fördermittel bekamen oder noch bekommen sollten. So erhielten die Aid by Trade Foundation (dahinter steckt das »Cotton Made in Afrika«-Projekt der Otto-Group), FEMNET,

Südwind, Misereor, Fairtrade, Christliche Initiative Romero, Oxfam, INKOTA, die gemeinnützige Bildungseinrichtung des DGB u.v.m. nicht unerhebliche, fünf- bis sechsstellige Beträge im Jahr 2015. Besonders wunderte ich mich darüber, dass Förderanträge von Bündnismitgliedern, die unter dem Stichwort »Entwicklungspolitische Bildung in Deutschland« liefen, in jeweils voller Forderung seitens des Ministeriums durchgewunken wurden.

»Das ist völlig untypisch«, erklärte mir meine NGO-Freundin. »Wenn du 100 000 Euro beantragst, kriegst du meistens mit guter Argumentation die Hälfte!« Diese Aussage deckte sich auch mit den Zahlen in den Unterlagen der Kleinen Anfrage von Renate Künast. Die Bildungseinrichtung des DGB hatte beispielsweise 280 000 Euro Fördermittel beantragt, und bekam 140 000. In den damals aktuell vorliegenden Förderanträgen jedoch wurden die Mittel für »Politische Entwicklungsbildung in Deutschland« nahezu ohne Abschlag genehmigt.

FEMNET e.V., die Mitglied in der Clean Clothes Campaign sind und mit der Vorsitzenden Dr. Gisela Burckhardt eine wichtige Meinungsmacherin beim gesamten Thema mitbringen, erhielten neben 21 441 Euro zusätzliche geforderte und uneingeschränkt genehmigte 120 000 Euro im Jahr 2015.

Die Christliche Initiative Romero e.V. war genügsamer. Sie wollten für politische Bildungsprojekte in Deutschland 86 713 Euro vom Minister. Und erhielten sie. Südwind e.V. musste mit 120 000 Euro Fördergeldern einen minimalen Abschlag von 14 000 Euro in Kauf nehmen. Ebenso das INKOTA-Netzwerk e.V. mit 194 000 Euro anstelle der geforderten 210 000 Euro. Oxfam e. V. erhielt ebenfalls für die entwicklungspolitische Bildung in Deutschland 45 000 Euro.

Ich hielt kurz inne und überschlug die Gelder, die durch das Ministerium bereits genehmigt wurden. »Wahnsinn«, dachte ich mir. Denn: Die Liste in den Unterlagen war längst noch nicht zu Ende. Zahlreiche Projektanträge von gemeinnützigen Vereinen und NGOs waren für 2015 eingereicht, aber noch nicht entschieden. Ich verstand langsam, aber sicher, warum der Unmut beim Internationalen Textilverband e. V. wuchs, keine finanzielle Unterstützung zu erhalten. Was aber nach wie vor unklar für mich war, war die Tatsache, warum Mitglieder des International Association of Natural Textile Industry (IVN) (allesamt Textilunternehmen und keine gemeinnützigen Einrichtungen) sauer aufs Ministerium waren wegen fehlender finanzieller Unterstützung. Bis ich das Kleingedruckte unter den Listen der Fördergeldantragsteller in den Dokumenten las. Und dann war ich ebenfalls sauer. Und zwar richtig.

Das Gute will gefördert werden

»Wenn du hier in Deutschland Arbeitsplätze schaffst, bist du der Depp!« – an diese Worte meines Sockenstrickers erinnerte ich mich nur zu gerne. Selbst der CSR-Manager attestierte mir in unserem Gespräch, als wir über das Brandschutzabkommen sprachen, dass Unternehmer wie ich »einen klaren Standortnachteil Deutschland« hätten.

»Bei Ihnen kommt kein Entwicklungshilfeminister und

zahlt Ihnen Arbeitsschutzmaßnahmen, oder?«, fragte er mich.

»Nein«, antwortete ich, »bei mir kommt regelmäßig das Gewerbeaufsichtsamt, und wenn etwas nicht in Ordnung wäre, wäre meine Näherei sofort stillgelegt!«

»Sehen Sie!«, sagte er.

Und trotz aller widrigen Umstände kämpfe ich mich durch und neide keinem einzigen Unternehmen in Asien die finanzielle Unterstützung durch den Westen. Schließlich geht es um Menschen, und da sollte Geld keine Relevanz besitzen.

Anders aber verhält es sich, wenn es um echte Wettbewerbsverzerrungen geht. In den Unterlagen der Kleinen Anfrage von Renate Künast an das Bundesministerium für Entwicklungshilfe zum Thema »Nachhaltige Textilien – Sachstand Textilbündnis« war fein säuberlich aufgelistet, welche gemeinnützigen Vereine und NGOs, Verbände und Bildungseinrichtungen – allesamt Bündnispartner des Müller'schen grünen Knopfes – Fördergelder bereits genehmigt und/oder weitere beantragt haben. Diese Informationen erklärten die Forderung des IVN, ebenfalls eine finanzielle »Vergütung« seitens des Ministeriums für das Engagement im Textilbündnis zu bekommen.

Warum aber forderten, wie aus dem IVN-Protokoll zu entnehmen war, Mitglieder des Vereins, also Wirtschaftsunternehmen, ebenfalls Kohle vom Minister? Ein zweiter Blick auf die Fördergeldlisten der Kleinen Anfrage verriet es. Genauer gesagt der Blick unter die Listen. Fast sah es so aus, als hätte jemand nachträglich noch einen Posten in der Auflistung hinzugefügt, aber vergessen, diesen zu formatieren. Schließlich sollte man wohl wenigstens innerhalb der politischen Kreise transparent und ehrlich sein. Unter der Liste der beantragten Fördergelder stand ein einziges wirtschaftliches Unternehmen, das ebenfalls für ein Develop-Einzelprojekt Unterstützung beantragt hat.

Normalerweise könnte man denken, dass ein Projekt, das zusammen mit dem Bundesentwicklungshilfeministerium angegangen wird, der gesellschaftlichen Entwicklung eines Drittwelt- oder Schwellenlandes dienen sollte. »Brunnenbau in Ghana« könnte es lauten. Oder »Bildungsprojekt zum Ackerbau in Indonesien«. Folgendes Projekt aber zeigte und beweist schön, was deutsche Entwicklungshilfe eigentlich ist: moderner Kolonialismus. Wirtschaftliche Interessensverteidigung unter dem Deckmäntelchen des Weltverbesserns. Das private Projekt mit der Fördersumme von 200 000 Euro unter der Liste hieß »Kapazitätenaufbau Bangladesch«. Projektinitiator: Hessnatur.

Nun verstand ich alles: Warum die wirtschaftlichen Mitglieder des internationalen Textilverbands ebenfalls nach Unterstützung schrien, warum Hessnatur nicht nur einer der ersten war, die damals das Brandschutzabkommen unterschrieben, sondern auch ganz vorne dabei war, als es das Bündnis für nachhaltige Textilien zu unterzeichnen galt.

Ich erzählte meinem Sockenstricker davon. Nun waren wir beide stinksauer. Kapazitätenaufbau im Billiglohnland hat nämlich nichts mehr mit Entwicklungshilfe zu tun, sondern mit klarer Wettbewerbsverzerrung gegenüber Wirtschaftsunternehmen, die sich der regionalen Wertschöpfung verschrieben haben. Wenn man darüber hinaus bedenkt, dass das Unternehmen Hessnatur mittlerweile

einer internationalen Heuschrecke, nämlich dem Schweizer Finanzinvestor Capvis gehört, bekommt ein solches
Engagement des Ministeriums eine völlig neue Bedeu-
tung: Müller leistet durch solche Projekte Entwicklungshilfe der besonderes bitteren Art.

Die Otto-Group: Reden hilft ... nicht!

Dass sich die »großen« Handelskonzerne zunächst strikt
weigerten, dem Müller'schen Bündnis für nachhaltige
Textilien beizutreten, hatte viele Gründe. Einer davon war
vielleicht die Erfahrung, dass selbst die beste Idee nichts
bringt.

Der Modekonzern Otto zum Beispiel verfügt über diese Erfahrung. Dort hatte man bereits vor dem tragischen
Unglück von Rhana Plaza die Idee, zusammen mit dem
Friedensnobelpreisträger Muhammed Yunnus, eine Fa-
brik in Bangladesch zu bauen. Sozial sollte es dort zuge-
hen und ökologisch gefertigt werden, kurz: Ein Paradies
sollte ausgerechnet dort entstehen, wo Hungerlöhne auf
der Tagesordnung sind, und dieses sollte erbaut werden
von einem der Konzerne, der wahrlich nicht durch ökolo-
gisches und soziales Engagement in den Produktionslän-
dern auffiel und -fällt.

Im November 2009 wurde das großspurige Projekt an-
gekündigt. Sechs Jahre sind vergangen, und nichts ist
passiert. Bis heute gibt es keine Otto-eigene Näherei in
Bangladesch, in der alles besser sein sollte. Gut gespro-
chen, nichts getan. Weil nach Verhandlungen mit dem Ministerium das Bündnis für nachhaltige Textilien ein un-

konkretes Reglement geworden ist, konnte man getrost
beitreten. Und, das ist nun bekannt, das hauseigene »Cotton made in Afrika«-Projekt steht ebenfalls seit Jahren auf
der Fördergeldliste des BMZ. Da kann man sich mal ko-
operativ zeigen, könnte man denken. Wenn es aber um
Nachhaltigkeitsengagement dreht, braut jeder Konzern
sein eigenes Süppchen.

Auch in Hamburg scheint man sich bei Otto nun lieber
um eine gute Kommunikation als eine saubere Produktion zu kümmern. Die Ausrede, dass man einfach keine ordentliche Näherei in Bangladesch gebaut bekommt, hat
man selbst untermauert. Der neueste Clou: eine eigenständige Nachhaltigkeitskommunikation.

»Das ist völlig verrückt!«, erklärt mir Michael. »Wenn
man bedenkt, dass ein Siegel selbst schon für Intransparenz sorgt. Schließlich sind die Siegelverleiher darauf be-
dacht, dass der Kunde ihre besiegelten Produkte kauft.
Also das Siegel-Ei und nicht das Ei von Bauer Herrmanns
Hühnern. Siegel selbst sind bereits der Inbegriff, eine
Wirtschaft der menschlichen Beziehungen zu ersetzen
durch eine Wirtschaft der Zertifikate und Papiere!«

Diese Intransparenz aber scheint Otto nicht zu reichen.
Künftig findet der Kunde nicht einmal mehr Siegel und
Zertifikate in der Begleitbeschreibung eines Kleidungs-
stücks, allein ein türkisfarbener Button mit den Lettern
»Good Product« soll dem Konsumenten die Sicherheit
geben, dass es sich um ein Eco-Produkt handelt.

Aus einer Marketing-Präsentation des Handelskonzerns erfährt man, dass Bioland und »Atomkraft, nein
danke« gestrige Betroffenheitskommunikation sei und
man diese durch eine Positivkommunikation für mehr Le-

bensqualität ablösen werde. Alle Siegel wie IVN, GOTS, Fairtrade, Cotton made in Africa (das hauseigene Engagement der Otto-Group), würden unter einem »Good Product« künftig kommuniziert. Denn, so ist zu lesen: »Das Gute steckt tief in der Otto-DNA.«

Und der Kunde soll schließlich Otto glauben und keinen transparenten Wegen eines Kleidungsstücks. Bereits 2010 hatte Otto ein kleines Transparenzproblem. Der Modekonzern konnte Stiftung Warentest für die getesteten T-Shirts keine Zertifikate über die Biobaumwolle liefern. Im Test hieß es: »Anbieter Otto konnte dagegen nicht nachweisen, dass sein T-Shirt tatsächlich aus Biobaumwolle besteht – und das, obwohl für jede Stufe vom Anbau bis zum Händler Zertifikate vorliegen müssten.«

Eigentlich hätte man, wie beim Nähereibau in Bangladesch, diese Erfahrung auch für künftige Nachhaltigkeitsanstrengungen zugrunde legen müssen. Gerade dann, wenn der Kunde Transparenz einfordert.

Das Gegenteil aber ist der Fall. Der Kunde sieht künftig nur noch, dass es ein »Good Product« ist. Da können gerade einmal 50 Prozent Biobaumwolle enthalten sein, oder wirklich 100 Prozent. Oder überhaupt keine. Schließlich spricht Otto gerne von nachhaltiger Baumwolle. Nur ist »nachhaltig« nicht bio. Zumindest nicht für die Otto-Group.

Bis 2020 will das Unternehmen nach eigenen Angaben ausschließlich »nachhaltige Baumwolle« aus dem eigenen Projekt »Cotton made in Afrika« in den eigenen Kollektionen anbieten. Pestizide sind in dem Projekt erlaubt. Nachhaltig ist etwas anderes. Aber: das muss niemand genau durchblicken. Schließlich soll der Kunde Spaß am

»Good Product« haben und nicht belästigt werden mit »bio«, »öko«, »nachhaltig«. Man wolle nicht beim Shoppingerlebnis stören, sondern mit einer positiven und emotionalen Botschaft unterstützen, ist auf dem Otto-Blog zu erfahren. Hintendran plant man übrigens auch schon, die Lieferanten nicht mehr mit »bio« oder konventionell zu stören.

In einer E-Mail heißt es: »Bisher war es so, dass (...) Einkäufer beide Preise mit dem Lieferanten verhandelt haben, sodass ein separates Ausweisen möglich gewesen wäre. Zukünftig sollen an Lieferanten Gesamt-Aufträge vergeben werden, d. h. z. B. dass ein Lieferant 100 000 p.a. an Otto liefert, wovon 30 Prozent der Artikel Bio-Baumwolle verarbeitet werden soll.«

Diese Ideen würden von Wirtschaftsberatern stammen, erklärte man mir. Das mache eine exakte Rückverfolgung nahezu unmöglich. Man hoffe dennoch, dass sich diese irrwitzige Idee nicht durchsetze. Denn ein »Good Product« soll doch »gut für Mensch und Natur sein«. Und nicht nur für den Profit.

Wie wir dem Handel helfen,
Werte und Handwerk zu vernichten

Erzeugergemeinschaften benutzen also Discounter, um zu wachsen. Discounter hingegen holen sich dann die Margen woanders und benutzen die Lieferanten. Der Gründer eines Discounts sagte in einem Zeitungsinterview: »Wenn wir am Ende eines Geschäftsjahres maximalen Gewinn erwirtschaftet haben, haben wir etwas falsch gemacht. Dann haben wir zu wenig in Kunden und Mitarbeiter investiert.«

Was gänzlich fehlt in dieser Auflistung, ist der Lieferant. Mit ihm nämlich macht ein Discounter das Geld, das er an anderer Stelle PR-wirksam wieder investiert. »Die ganze Discount-Branche ist pervers. Da stellst du als Industrievertreter ein neues Produkt vor und möchtest mit dem Einkauf die Markteinführung planen, und drei Tage später steht im Regal schon der Eigenmarken-Klon«, erzählt mir ein Vertriebsmitarbeiter eines Kosmetikherstellers. »Die haben selbst keine Ideen. Die kopieren blank, sparen sich den gesamten Entwicklungsaufwand und kleben ihr Logo drauf! Absolute Innovationsvernichter!«

Manchmal aber reicht das reine Kopieren eines Produktes nicht aus. Dann wird gleich das gesamte Sortiment etablierter Hersteller durch Eigenmarken ersetzt. Das nennt der Discounter »Sortimentsbereinigung«. Gerne werden auch Erfolgsprodukte von kleinen Herstellern nach Einführung und Akzeptanz durch den Kunden gewinnopti-

miert, indem sie im Billiglohnland kopiert und im Zielmarkt so teuer wie das heimische Original verkauft werden. Dies nennt man dann »breiter aufstellen«.

In Wahrheit aber ist der einzige Sinn hinter einer Verlagerung der Produktion, ebenso wie bei der »Sortimentsbereinigung«, die Geldoptimierung, ohne Rücksicht auf
die verbrannte Erde, die man beim bisherigen Hersteller
vielleicht hinterlässt. Die Kreativität der Discounter hat in
Bezug auf Gewinnoptimierung keine Grenze. Der Anstand ebenfalls nicht. Und so sind Discounter zum größten Wertevernichter unserer Wirtschaft geworden. Und
der Kunde hilft fleißig mit. Dank der Schnäppchenmenta-
lität.

Backe, backe, Pustekuchen!

Das Beispiel Lidl zeigt wunderschön, dass sich Lidl nur
für einen lohnt: den Handelskonzern selbst. Alle anderen
zahlen die Zeche. Allen voran die Menschen, die Lebensmittel regional und nach alter Handwerkskunst erzeugen
und heute ums Überleben kämpfen. Denn: Gutes Brot erkennt man am guten Brot. Und nicht an einem guten
Preis.

Nahezu zeitgleich passierten zwei Geschehnisse: Die
UNESCO, die Organisation der Vereinten Nationen für
Erziehung, Wissenschaft und Kultur, ist dafür bekannt,
große Naturschauspiele und imposante Bauten als soge-
nanntes »Weltkulturerbe« auszuzeichnen und damit unter
einen besonderen Schutz zu stellen. In der Kategorie der
»immateriellen Güter«, also nichts aus Mörtel und Stein,

sondern Traditionen, Künste und handwerkliche Leistungen wurde die »Deutsche Brotkultur« aufgenommen.

Die Begründung: Deutschland sei *das* Land auf der Welt, das über eine einzigartige Brotkultur verfüge. Während man in Frankreich von Marseille bis Lille dasselbe Weißbrot bekommt, kann man sich in Deutschland von Flensburg bis München auf eine wahre regionale Brotreise machen. Über 300 verschiedene Brot-Grundrezepte sind bekannt, und diese werden wiederum von Region zu Region in traditioneller Handwerkskunst abgewandelt. Somit fand das vielfältige Brotbäckerhandwerk mehr als zu Recht seinen Platz auf der UNESCO-Weltkulturerbe-Liste.

Diese Aufnahme ist umso erfreulicher, weil die Realität im heimischen Bäckerhandwerk gänzlich anders aussieht. Den kleinen, einzelnen Bäcker um die Ecke gibt es schon lange nicht mehr. Und mit ihm schienen Individualität und ehrliche Handwerkskunst verlorengegangen zu sein.

Doch dann geschah das Zweite: Lidl, der Billigsupermarkt, präsentierte sich in einer Qualitätskampagne als Retter des Handwerks. Überall war zu hören, lesen und sehen: »Gutes Brot erkennt man am guten Brot!« Die Rettung »Deutscher Brotkultur« schien in vollem Gange – und die Verarsche des Kunden und der eigentlich Betroffenen, nämlich der Bäcker selbst, lief auf Hochtouren.

Ich selbst lebe in einem typischen bürgerlichen Stadtviertel, wo vor fünf Jahren die Tür des letzten kleinen Bäckers am Hauseck nebenan verschlossen wurde. »Mama, die liebe Verkäuferin ist nicht mehr da«, berichtete mir mein damals vierjähriger Sohn unter Tränen. In seinem Fall rührten die Zeichen der Traurigkeit wohl daher, dass die Dame ihn bei jedem Besuch mit einem Gummibärchen »belohnt« hatte. In meinem Fall war Grund der Traurigkeit, dass der letzte eigenständige Bäcker in unserer Gegend die Pforten schließen musste. Ein Bäcker, bei dem man eine übersichtliche, aber sehr schmackhafte Auswahl an Brot und Kleingebäck nach alter Rezeptur und mit Zutaten aus der Region bekam. Ein Bäcker, bei dem man dem Sohn auf dem Weg zum Kindergarten noch auf die Schnelle einen Kakao mitnahm. Ein Bäcker, der gerade samstags der kommunikative Treffpunkt für die Bewohner im Viertel war. Ein Bäcker, der ein paar Cent mehr benötigte für seine Semmeln, aber das war es Kunden wert. Scheinbar zu wenigen.

Die Nachricht der Geschäftsaufgabe rief mir längst verloren geglaubte Bilder in Erinnerung: Während meiner Internatszeit, ich war damals 17 (also vor rund 20 Jahren), verbrachte ich nachmittags viel Zeit mit Isa, Tochter eines modernen, mittelständischen Filialbäckers. Eines Nachmittags hatten wir tierisch Lust auf Sauerkirschen, und so gingen wir in das riesige »Lager«. Was ich dort sah: Butterersatz, Backtriebmittel, Enzyme, irgendwas mit und gegen Pilze, Stabilisatoren, Trockenei, Verdickungsmittel, einen Haufen »E«s in Säcken, kurz: Tod und Teufel in großen Tüten.

»Was schaust denn so komisch?«, fragte Isa und zog mit einem großen Glas Kirschen ab. Damals hatte ich mir keine weiteren Gedanken darüber gemacht. Heute schon.

Das Ende unserer kleinen Bäckerei ums Eck war für mich Sinnbild für einen bitteren Verlust geworden, den unsere Generation vielleicht nicht verursacht hat, mindestens aber mitträgt: das Verlorengehen von Handwerk. An die Stelle vieler kleiner Backbetriebe sind wenige große Industriewerke getreten.

Ehrlicherweise gebe ich zu, dass ich Industriebetriebe verteufelt habe. Alle. Ausnahmslos. Weil es einfach ist, aber: Das war zu einfach. Mein Umdenken begann, indem ich mich intensiv mit der Wertschöpfung von Lebensmitteln und mit dem Anspruch des Kunden auseinandergesetzt habe.

»Jeder möchte Freilandeier essen. Am liebsten fünf Stück am Tag. Aber dem Nachbarn jagt man den Anwalt auf den Hals, weil die Hühner in seinem Garten Lärm machen«, erklärte mir der CSR-Vorstand eines internationalen Handelskonzerns einmal die Sachlage.

Wenn wir aufrichtig zu uns selbst sind, liegt der Nachhaltigkeitsmanager mit seinen Ausführungen nicht völlig daneben. So also verabschiedete ich mich von der romantischen Vorstellung der minimalparzelligen Wirtschaft. Diese wäre weder in der Lage, unseren Konsumgewohnheiten (nämlich immer alles zu jeder Zeit zu bekommen) noch unseren Preisvorstellungen (»Geiz ist geil« und »Hauptsache billig!«) gerecht zu werden.

Hinzu kommt, dass Lehrberufe, die notwendig sind für das Überleben des Handwerks, mehr und mehr an Attraktivität verlieren und die noch verbliebenen Bäckereien, ob traditionell im Handwerk wie auch in der Industrie, mit enormen Nachwuchsproblemen zu kämpfen haben. Wer will nachts um zwei Uhr aufstehen und für andere Brötchen backen, wenn man Mediengestalter werden kann?

Auf der weiteren Suche nach dem Weltkulturerbe »Deutsche Brotkunst« stößt man auf die Hofpfisterei. In diesem Traditionsbetrieb an Brotbackkunst aus dem Münchner

Raum kümmert man sich seit fast 700 Jahren (!!!) um Laib und Seele. Seit über 20 Jahren hat sich dieser Bäcker zudem der ausschließlich ökologischen und regionalen Erzeugung verschrieben. Hier werden Handwerk und nachweislich Tradition hochgehalten, und Kunden von Hamburg bis Garmisch können in kleinen, liebevoll eingerichteten Läden die Brote selbst »scheibenweise« einkaufen. Auch in sogenannten Qualitätssupermärkten wie Edeka, Rewe und Tengelmann sind vereinzelt die Produkte zu finden.

Wenn das kein Handwerksbäcker um die Ecke ist?, könnte man sich denken. Sieht man hinter die Kulissen, ist aus dem kleinen Hoflieferanten der Wittelsbacher ein enormer Industriebetrieb geworden mit nahezu 1000 Mitarbeitern und fast 100 Millionen Umsatz im Jahr. Der Hofpfisterei gelang es, Handwerkskunst in industriellen Kenngrößen zu produzieren. Das schmeckt man, und es hat seinen Preis. Diesen aber bezahlt der Kunde gerne. Weil man Handwerk und Liebe zur Tradition in den Broten schmeckt. Handwerk in großem Maßstab kann also richtig gut sein.

Ein weiteres Beispiel: die K&U im süddeutschen Raum. 850 Filialen, über 5500 Angestellte, fünf Produktionsstätten (davon die Backstätten in Neuenburg und Mannheim sogar biozertifiziert) und die größte Filialbäckerei in Deutschland. »Das kann nur industrielle Scheiße sein«, dachte ich mir. Aber ich lag falsch.

»Wenn der Chef uns sagen würde, ihr kocht jetzt nicht mehr eure Vanillecreme mit Milch und Schote, sondern nehmt das Pulver und rührt es mit Wasser an, dann würde ich kündigen.«

Dieter, Chef der Konditorei des K&U-Werks in Neuenburg führte mich durch die Produktionsstätte. Ich war komplett verwundert. Eigentlich erwartete ich wie einst als junges Mädchen bei meiner Bäckersfreundin Säcke voller Es und Tüten mit chemischen Frischmachern, Trockenei und Fertigmischungen. Was aber sah ich? Silos mit Getreide, teils Bioland-Weizen, teils regionaler Dinkel.

»Alle Getreide kommen immer aus der jeweiligen Region des Produktionsbetriebs«, erklärte mir Dieter weiter.

»Fertigmischungen?«

»Wir sind Bäcker und Konditoren, keine Lebensmittelchemiker!«, antwortete er. »Übrigens auch keine chemischen Frischmacher. Unsere Teige, die wir alle selbst entwickeln, brauchen nur Zeit. Und die bekommen sie!«

Ich lief rund zwei Stunden mit ihm durch den Betrieb, und meine Vorbehalte waren dahin: Das, was ich sah, roch und mit herzhaftem Biss genießen durfte, war keine vollautomatisierte Industrieware, wie ich es zunächst erwartete. Es waren Brote und Kuchen, die mit guten Grundzutaten selbst rezeptiert durch viele handwerkliche Hände gingen. Industrie in handwerklichem Maßstab kann also ebenfalls richtig gut sein.

Beide Betriebe hielten und halten die Handwerkskunst groß und dürften sich über die UNESCO-Entscheidung gefreut haben.

»Das war für den kleinen Innungsbäcker wie für einen Laden wie den unseren eine große Ehre. Die Anerkennung und Schützenswertigkeit unseres Handwerks«, sagte Robert Schweininger, Geschäftsführer der K&U. »Gleichzeitig ist es aber auch Verantwortung. Und Verantwortung will übernommen und gepflegt werden!«

Die Freude über das neue Weltkulturerbe war aber bei einem scheinbar so groß, dass er umgehend eine »Qualitätswerbekampagne« für Brot startete: Lidl, »die Qualitätsbäckerei«. Innerhalb kürzester Zeit erfuhr der Konsument auf allen erdenklichen Kanälen, dass man »gutes Brot am guten Brot erkennt«. Was Lidl innerhalb dieser Werbekampagne tat, war, als würde man die Chinesische Mauer Meter für Meter in die Luft sprengen, kurz: ein Kulturgut der Menschheit mit Füßen treten und zerstören. Im Fall der »Deutschen Brotkultur« kann man es auch Kulturverlust nennen. Zwar erhielt der Discounter von allen Seiten enorme mediale Schelte, Bäcker schrieben offene Briefe an den Handelskonzern, und Konsumenten empörten sich lautstark in den sozialen Netzwerken. Am Ende? Am Ende berichteten mir Bäcker, ob kleiner Handwerksbetrieb, ob großer Industriebetrieb, von deutlich rückläufigen Verkäufen beim Brot, von einer erneuten Preisdruckrunde bei der Tüte Brötchen und schlussendlich von Kündigungen. »Gegen 1,13 Euro für Brot kann ein handwerklich hergestellter Laib um drei Euro nicht mithalten. Die weite Reise im Tiefkühlfach sieht man dem Produkt nicht an. Und den Geschmack gibt man gerne her für einen guten Preis. So ist das!«, lautete die Meinung zum »guten Brot« vom Lidl.

Geschäftsbeziehung versus
»moderne Sklaverei«

Doch nicht nur der Ausverkauf des traditionellen Handwerks ist Gewinnoptimierungsstrategie der Discounter.

»Wieso sollten wir uns im Handel aus dem Fenster lehnen?«, fragt mich mein alter, erfahrener Handelshase.

Knappe 60 Jahre alt und zwei Drittel seines bisheriges Lebens verdiente und verdient er seine Brötchen als Einkäufer im Lebensmittelhandel. Ich schätze ihn sehr, da er, wie viele meiner Gesprächspartner, gegenüber seiner eigenen Branche sehr kritisch ist.

»Da will doch keiner mehr Verantwortung übernehmen. Jeder hat Angst, dass ein Produkt nicht mehr funktioniert. Also lassen wir das schön den Hersteller machen. Im Qualitätssupermarktbereich (Anmerkung meinerseits: bei Ketten wie Rewe, Edeka oder regionalen Supermärkten) geht es auf regionaler Ebene wenigstens noch einigermaßen anständig zu, bei Discountern kann man nicht mehr mit hinsehen. Die versprechen dir, mit dir zu arbeiten und kaufen bei dir als kleinen Hersteller ein. Funktioniert das Produkt, wird weitergekauft. Sie machen dich größer. Und abhängig. Beim Jahresgespräch heißt es für den Lieferanten dann: Lass uns mal über dein Konditionsgefüge reden. Und die ziehen den Herstellern die Hosen aus. Da noch 3 Prozent Skonto, da 180 Tage Zahlungsziel. Gerade kleine Lieferanten, die mit dem Prozedere des Handels nicht vertraut sind, sind die Gelackmeierten. Die sind so doof und nennen bei Vertragsbeginn bereits den reellen Preis. So haben sie keinen Puffer mehr, den man ihnen aber abknüpfen wird. Gehen sie nicht auf die neuen

Konditionen ein, droht man mit Auslistung. Das aber kann sich keiner der Hersteller mehr leisten, weil sie abhängig sind. Das sind keine Geschäftsbeziehungen mehr, das ist moderne Sklaverei, in der der Faire der Arsch ist, weil er ehrlich ist«, erzählt er mir und fährt fort: »Erholt sich dann der kleine, ehrliche Hersteller, indem er sich richtig anstrengt und das letzte Quentchen Einsparungspotenzial ausnutzt, kommt der Handel erneut und schickt dir so was wie Markant vorbei. Das sind Unternehmen, die die externe Buchhaltung eines Handelskonzerns übernehmen und dafür ordentlich hinlangen. Gezahlt wird das natürlich vom Hersteller. Und der Gewinn am Ende des Jahres geht in Form des legendären Markant-Schecks an die Händler!«

Erst vor kurzem habe ich selbst eine äußerst unfreundliche E-Mail dieses externen Buchhalters bekommen. Man forderte mich ziemlich unverschämt auf, die beigefügten Unterlagen zu unterschreiben und künftige Rechnungsstellungen nicht mehr an meinen Kunden, sondern an die Markant zu senden. Dafür würden 3,2 Prozent des Rechnungsbetrages fällig, der selbstverständlich on top und zu meinen Herstellerlasten verrechnet würde.

Ich griff zum Telefon und rief direkt den Einkaufsvorstand des Handelskonzerns an. Freundlich erklärte ich ihm, dass wir künftig zwei Möglichkeiten hätten:

Die erste: Alles bliebe beim Alten.

Die zweite: Er würde manomama als Lieferant verlieren, weil ich es mir nicht leisten könnte, Geld mitzubringen, wenn ich die Taschen lieferte.

Der Einkaufsvorstand entschuldigte sich aufrichtig für das inakzeptable Verhalten der externen Buchhaltung und klärte umgehend die Situation – und wir liefern heute noch.

»Das ist aber eine Seltenheit, Sina!«, sagt mir mein Handelshase. »In 99 Prozent aller Fälle geht das nicht gut aus für den Hersteller. Entweder er zahlt, oder er fliegt!«

Doch ganz so einfach ist es heutzutage nicht mehr für Discounter und den Handel, Geld vom Hersteller zu kassieren.

»In den letzten zehn bis 15 Jahren ist das ja ein richtiger Auswuchs geworden«, erklärt mir der Handelshase weiter. »Erst gab es den Einlistungsrabatt, damit der Hersteller überhaupt in das Regal kam. Dann folgten die Werbekostenzuschüsse und sonstige Rabatte, damit sie weiterhin im Regal bleiben durften und, und, und ... Irgendwann ist leider das Finanzamt daraufgekommen, dass diese geldwerten Vorteile ohne Gegenleistung erfolgten und somit nicht ganz koscher waren. Deshalb passt man da jetzt auf mit solchen Spielchen und macht das eben mit Zahlungskonditionen. Keinen Deut respektvoller, aber wenigstens finanzamtstechnisch besser.«

Ziemlich angesäuert frage ich ihn: »Gibt es denn da keine andere Möglichkeit?«

»Doch, entweder du hast ein Produkt, das der Handel unter allen Umständen haben will, oder du bringst dem Handel einen neuen Markt!«

Die Kleinen melken, die Großen sahnen ab

Einen neuen Markt brachte Dörte Ulrich von der Bioland-Tofurei »Lord of Tofu« dem Handel. Am Ende aber ist sie nicht gefragt worden, ob sie lieber »zahlen« oder »fliegen« wollte. Vor rund 25 Jahren haben ihr Mann und sie begonnen, auf dem Wochenmarkt Wildkräuter und Tofu anzubieten. »Die Nachfrage stieg, und wir dachten uns, lass sie uns bedienen.« So kultivierten sie in Deutschland Soja und begannen, Tofu aus heimischer Erzeugung herzustellen.

»Das Konzept kam super an, und die Kunden waren sehr zufrieden«, schilderte Ulrich, »der Gang in den Handel war die logische Konsequenz, wir waren aber völlig naiv.«

Bei diesen Worten musste ich selbst schmunzeln. Auch ich wusste nicht, was für abstruseste Verhaltensweisen Discounter und Lebensmittelhändler an den Tag legen können, um noch mehr für sich selbst herauszuschlagen auf Kosten der Hersteller.

»Erst haben sie uns mit Freude gelistet, und so sind wir größer und größer geworden. Schließlich mussten wir liefern. Wir haben Arbeitsplätze geschaffen und Produktionskapazität.« Es war das Resultat aus der eigenen Idee, die Ernte der Früchte des selbstgeschaffenen Marktes. Was aber Ulrich und ihr Team nicht ahnen konnten, war die rücksichtslose Haltung des Handels.

»Am Ende der Kette bist du nichts wert. Und wenn du klein bist, überhaupt nichts«, sagte sie. Erst wurde »Lord of Tofu« bei einem großen Händler wieder ausgelistet. »Einfach so. Das Personal wechselte. Und mit ihm das

Sortiment. An unserer Stelle ist nun ein großer Mitbewerber, der auch Tofu macht.«

Ich sprach über diese Situation mit Michael, meinem Handelsfreund. Er sagte: »Das klingt verdammt nach WKZ, Werbekostenzuschuss. Da bietet halt einer mehr Geld fürs Regal. Und damit du Geld mitbringen kannst, musst du groß sein!«

Doch damit nicht genug. »Nicht nur Discounter und große Handelsketten agieren rücksichtslos«, erzählte Dörte. »Auch regionale Supermärkte sind eiskalt. Ein Einkäufer einer Regionalkette ließ uns direkt wissen, dass er für uns keinen Platz mehr hat, sondern dass da Wiesenhof mit seinen vegetarischen Produkten jetzt reinmuss. Rumms, biste draußen und dann stehst du da!«

Auch über dieses Vorkommen sprach ich mit Michael. »Auch einfach zu erklären, Sina«, sagte er. »Der Handel hat keine Lust auf viele Hersteller. Ist doch einfacher, viel von einem zu beziehen als jeweils nur ein, zwei Produkte von vielen Herstellern. Das wäre ja Vielfalt. Das wollen wir doch nicht! Außerdem kriegen wir bessere Konditionen und optimieren so die Margen.«

»Lord of Tofu« kämpft weiter. Aus den 500 Kilo Tofu täglich seien es nach der radikalen Auslistung gerade noch 300 Kilo. »Um uns über Wasser zu halten, haben wir begonnen, zu exportieren.«

Das muss man sich einmal auf der Zunge zergehen lassen: Tofu, heimisch hergestellt aus deutschem Soja, schaffte über Jahre dem Handel einen neuen Markt. Heute, wo dieser Markt attraktiv geworden ist, bestückt der Handel die Regale mit Tofu aus global gehandeltem Soja. Und der mühsam hier kultivierte muss exportiert werden, damit die Pioniere von einst überleben können. Wegen eines gewissenlosen, margengeilen Handels. Und auch ein bisschen wegen der Gleichgültigkeit der Konsumenten. Sie nämlich könnten problemlos einfordern, dass der kleine Hersteller wieder gelistet wird: indem sie das Derivat des großen nicht kaufen.

WAS
wir nicht ändern,
wird sich nicht ändern

(Und »wir« sind wir alle.)

Der machtlose Konsument?

Da willst du kleine Hersteller unterstützen, und die Großen machen sie platt und der Handel lässt sie nicht einmal ins Regal. Biofirmen ziehen sich versteckt an Discountern groß, und der faire Handel ist auch nicht das, was man gerne glauben möchte! Da braucht sich doch niemand wundern, wenn man als Kunde die Flinte ins Korn wirft und einem irgendwann alles egal wird«, sagt mein bester Freund Jürgen, als er das Rohmanuskript dieses Buches liest.

»Ich habe keine Lust mehr, Sina. Und ich bin mir sicher, dass es vielen Kunden, die durch diese Grünwäschereien und sozialen Schönfärbereien enttäuscht sind, genauso geht wie mir. Da will doch überhaupt keiner eine Verbesserung. Jeder will nur wachsen, wachsen, wachsen. Geld regiert die Welt!«

»Nicht resignieren, Jürgen«, antworte ich. »Sei froh, wenn wir es wissen. Dann können wir es besser machen. Mitgestalten – in die richtige Richtung!«

»Ach, Blödsinn«, erwidert Jürgen. »Schau es dir doch an. Wie oft erzählt man den Kunden, sie hätten die Wahl an der Kasse? Wie oft prangert man Lügengeschichten der Industrie an? Welche Konsequenzen gibt es? Keine. Da passiert seit Jahren nichts. Es wird nur immer schön kommuniziert! Da kriege ich Zustände!«

»Das Ist ist ein Zustand. Aber Zustände kann man ändern, Jürgen.«

Mir kam die Karikatur, die ich einst in einer Zeitung

gesehen hatte, wieder in den Sinn. Auf dem ersten Bild fragt der Redner das Publikum: »Wer möchte Veränderung?« –, und alle Hände schnellen in die Höhe. Auf dem zweiten Bild fragt der Redner erneut: »Wer möchte ändern?« –, und kein einziger Arm geht nach oben.

Dieses Bild zeigt wunderschön auf, dass es an uns Kunden und Konsumenten liegt, eine Veränderung herbeizuführen. Und eben nicht zu resignieren. Aber: Nicht einmal Wirtschaft und Handel wäre gänzlich zu unterstellen, dass sie keine Verbesserung anstreben wollten. »Sind ja auch Menschen!«, pflegt Michael zu kommentieren. Nur, wir alle wissen, dass eine Verbesserung hin zum Guten deutliche Einbußen für jeden Einzelnen mit sich bringt. Und das will niemand. Die Wirtschaft nicht, der Handel nicht, und, wenn wir ehrlich sind, wir, die Konsumenten, ebenso wenig.

»Bei Industrie und Handel unterschreibe ich es auch«, sagt Michael. »Aber komm, Kunden würden es gerne anders haben. Nur halt nicht weniger! Oder teurer! Veränderung *light* quasi.« Er grinst.

»Also sind wir auch nicht viel besser als der Rest in der wirtschaftlichen Kette«, erwidere ich.

»Die älteren. Aber es wachsen junge, gut informierte Konsumenten nach!«

»Ja, Michael, informiert sind sie hervorragend, aber sie ändern genauso viel wie 95 Prozent der restlichen Konsumenten: nichts!«

Blickt man, wenn es um Textilien, geht, in eine repräsentative Studie von Greenpeace, wird meine These der nachwachsenden, unkritischen Generation unterstützt. Rund 96 Prozent der jungen Menschen zwischen 12 und

19 Jahren wissen demnach teils sehr detailliert über die Missstände bei der Herstellung ihrer Mode und die menschenunwürdigen Zustände in den Produktionsbetrieben Bescheid.

Laut Studie würde aber nicht einmal jeder achte Jugendliche diese Information seiner Kaufentscheidung zugrunde legen. So ist es auch nicht verwunderlich, dass in der heutigen Zeit, in der die schrecklichen Bilder aus asiatischen Nähereien auf allen Kanälen über den Äther flimmern, zeitgleich das Berliner Startup Lesara Turbokapitalismus aus dem Bilderbuch (wie der *Spiegel* schrieb) betreibt: Kik und Primark für die junge Online-Generation. Der Cardigan zu 8,99 Euro – frei Haus für Gewissensbefreite. Der Anstand flüstert nein, doch die Gier schreit: Her damit!

Trotz des Wissens, dass für unseren billigen Massenkonsum irgendwo auf dieser Erde jemand bitter bezahlen muss, doktern wir alle getreu dem Motto »Das muss doch irgendwie auch so weitergehen« herum an nachhaltigen Rezepten, die nichts ändern, aber schön laut scheppern. Denn (und öffentlich würde dies niemand zugeben): Wir alle wollen weiterhin leben in einer Konsumlandschaft, in der Milch und Honig fließen, zeitgleich unsere Laktoseintoleranz pflegen und nebenbei zur Gewissensberuhigung gegen die Ausbeutung der Bienen auf die Straße gehen.

Während ich diese Zeilen hier verfasse, ist mir eine Meldung über den Bildschirm gehuscht, und ich musste schmunzeln, weil es exakt das Problem aufzeigt. Diesmal auf wissenschaftlicher Ebene, den Handlangern der Wirtschaft. Die Wirtschaftswoche *Green* titelte: »Styro-

por – Wie Mehlwürmer ein Müllproblem lösen könnten!«
Allein der erste Satz des Artikels liest sich wie Satire: »Wer
hätte das gedacht: Mehlwürmer könnten uns vor einem
der drängendsten Probleme unserer Konsumgesellschaft
bewahren.«

Ich darf festhalten: Das drängendste Problem unserer
Konsumgesellschaft ist also nicht eine menschlich unsau-
bere Wertschöpfung oder etwa das Vielzuviel im Überfluss, der Raubbau an unseren natürlichen Ressourcen
oder das unwiderrufliche Schädigen unserer Umwelt.
Nein, es ist der Verpackungsmüll, der uns mahnmalgleich
in riesigen Bergen an unsere kranke Konsumlust erinnert.
Weiter im Text erfährt der Leser übrigens von »Highspeed-
Zersetzung durch Verdauungsenzyme«. Großartig: Noch
mehr Konsum, weil rückstandsfrei dank Mehlwurm-
darmtrakt!

In unserer heutigen Konsumwirtschaft und Marktgesellschaft werden also nicht Nachhaltigkeit und Rücksicht
an den Anfang des Handelns gestellt, sondern im Nachhinein lieblos aufs Symptom gepfropft. Diese nahezu nutz-
losen Konzepte werden dann als kurze Wundversorgung
gesehen und als »Marktneuheit« verkauft, bis an anderer
Stelle ein weiterer Schmerz auftritt.

»Wie sollen wir denn als Kunde das Richtige wissen
und entscheiden, wenn sich Wissenschaft und Wirtschaft
nicht einmal einig sind?«, fragte mich eine Frau auf einer
Nachhaltigkeitsveranstaltung.

Sie brachte mich ins Grübeln. Es stimmt, dachte ich
mir, einfach ist es nicht. Heute weiß ich als Vollblut-Textil-
lerin zum Beispiel, dass Viskose, von pseudoökologischen
Textilern verpönt, sehr wohl eine Alternative ist. Aber nur

dann, wenn die Zellulosefaser aus heimischen Hölzern nachhaltiger Forstwirtschaft und nicht aus indonesischen Bambusplantagen gewonnen wird. Und nur dann, wenn die Synthetisierung unter europäischen Umweltschutzauflagen und in geschlossenen Kreisläufen erfolgt.

Ebenso weiß ich, dass das pflanzliche Färben von Textilien entgegen der durch die Bezeichnung zu vermutenden Annahme alles andere als ökologisch ist. (Für diejenigen, die es interessiert: Für das Herauslösen des pflanzlichen Pigments aus der Färberpflanze wird enorm viel Chemie benötigt, um anschließend dasselbe Färbeverfahren wie mit synthetischen Farbpigmenten durchzuführen. Übrig bleiben Tonnen verseuchtes pflanzliches Zellmaterial, das in Europa aufgrund der enorm strengen Umweltauflagen schlichtweg nicht zu entsorgen wäre. Deshalb werden Pflanzenfarben nur in kleinem Handwerkerkreis genutzt oder kommen aus Asien.)

Oder Pelze. Fragt man PETA, ob es unterschiedliche ethische Bewertungen in Pelzfragen geben kann, würde man im besten Fall empörtes Kopfschütteln erhalten. Richtig ist aber, dass ein heimischer Fuchskragen bei genauer Betrachtung durchaus in Ordnung ist. Zumindest so lange, wie es die gesetzliche Aufgabe der Jäger ist, europäische Singvögel durch eine kontrollierte Fuchsbejagung zu schützen. Darüber hinaus hat sich der Rotrock in den letzten 30 Jahren aufgrund der Tollwutimpfungen »mehr als verfünffacht«.

Mein Onkel Martin, der nicht nur Metzger ist, sondern Schützenkönig war und viel unter Jägern, erklärte es mir: »Wenn du den Fuchs nicht jagst, dann hast du bald nichts anderes mehr im Wald außer ihm. Keine Feldhasen, keine

Vögel. Und wieso soll das Tier sterben, ohne ihm nicht noch die letzte Ehre zu erweisen?«

Jede Interessensgruppe informiert uns Kunden also nach ihrem Standpunkt. Schwarz oder Weiß. Die Wahrheit aber liegt irgendwo dazwischen, in den Grautönen. Wie aber kann ein Kunde das herausfinden? Kann er es überhaupt ermitteln?

Ich schätze mich selbst als sehr wissbegierigen und breit informierten Konsumenten ein und erkannte, dass ich trotz aller Information und Recherche selbst in die »Verblendungsfalle« tappte. Immer und immer wieder machen NGOs Kampagnen gegen Palmöl. Mittlerweile ist Palmöl so verpönt wie Atomstrom. Beides muss man ohne Ausnahme durch ökologisch sinnvolle und zukunftsträchtige Lösungen ersetzen. Bei Letzterem bin ich nach wie vor der radikalen Überzeugung, bei Ersterem wurde ich überzeugt. Davon, dass ich dem dauerhaften, unreflektierten Kommunizieren diverser Anti-Palmöl-Bewegungen aufgesessen bin.

Schließlich wurden mir in langjährigen Kampagnen immer wieder schreckliche Bilder der Regenwaldabholzung gezeigt. Jahrhundertealte Bäume, die für neue Palm-Monokulturen weichen müssen, da der weltweite Hunger nach Palmöl wächst, weil wir immer mehr konsumieren. Oder aber auch, weil die Hersteller immer weiter hochwertige Fettkomponenten durch billiges Palmöl ersetzen. Palmöl also ist per se böse, dachte ich. Das aber ist nicht richtig, da es auch Palmöl gibt, das aus Früchten von über Jahrzehnte gewachsenen Palmenhainen stammt. Keine Plantagen. Das aber wusste ich nicht. Und es wird auch nirgendwo erzählt.

»Die Menschen wollen schlichtweg einfache Lösungen, ja oder nein«, erklärt mir Jürgen, »und nicht die Wahrheit. Die ist vielen zu kompliziert!« Er ist Geschäftsführer und Diplom-Chemiker. Seit über 30 Jahren entwickelt er echte ökologische Reinigungsmittel und Kosmetik. Ein Überzeugungstäter im Auftrag einer sauberen Welt.

Als ich für mein neues Projekt seiner Firma einen Besuch abstatte und er mich durch die einzelnen Produktionsbereiche führt, stoppen wir im Seifenbereich. Jürgen greift in einen Sack und nimmt eine Handvoll wachsiger Flocken heraus. Sie sehen aus wie glänzende Holzpellets.

»Zusammen mit Natronlauge wird aus diesen Palmölflocken Kernseife«, erzählt er.

Ich sehe ihn mit großen Augen an: »Bitte mit was? Wie kannst du nur Palmöl verwenden! Das geht überhaupt nicht! Denk mal an die Regenwaldrho…«

Er unterbricht mich. »Sina! Ich dachte, du wärst differenzierter! Wir müssen weg von erdölbasierten Inhaltsstoffen. Aber bitte verurteile nicht jeden nachwachsenden Rohstoff. Es kommt immer darauf an, wie er wächst und gewonnen wird! Das Palmöl, das ich verwende, kommt nicht aus riesigen Plantagen. Unser Rohstoff wird in Kolumbien von Familienbetrieben hergestellt und wächst auf natürlichen Hainen, für die nie ein Regenwald gerohdet werden musste. Es ist die Lebensgrundlage vieler Familien. Das kannst du denen doch nicht einfach blind nehmen!«

Mir fällt meine Viskose ein. Und mein Fuchs.

»Ja, Palmöl ist kein guter Rohstoff, wenn er auf künstlich angelegten Plantagen wächst, für den der große CO_2-Speicher Regenwald weichen musste. Dieses Palmöl aber ist ein guter Rohstoff. Wir müssen nur weniger produzieren. Nachhaltig hergestelltes Palmöl reicht nicht für den hochgezüchteten Bedarf einer hungrigen Konsumgemeinschaft!«

Es ist und bleibt schwierig für uns Kunden. Ein gutes Stück Wurst meines Onkels Martin ist genauso wenig zu verachten wie Tofuprodukte, die aus heimischem Soja hergestellt sind. Es gibt nicht nur Schwarz und Weiß. Zunehmend sind wir Konsumenten mit den Schattierungen überfordert, wenn wir sie überhaupt entdecken und verstehen.

Im kleinen Rahmen versuchen wir zumindest, es ein bisschen besser zu machen – und es kommen die abstrusesten Dinge heraus: vegetarische Schinkenwurst aus Eiern aus Freilandhaltung, dafür ernten rumänische Agrarhelfer zu Stundenlöhnen unter 4 Euro tagsüber unser Biogemüse, während sie die Nacht in Containern verbringen müssen. Die Medien decken diese Missstände immer wieder auf, und die Kunden, die mit einem gezielten Kauf bestimmte Zustände in einer Wertschöpfungskette ausschließen wollten, fühlen sich, nachdem die Medien das Gegenteil aufdecken, an der Nase herumgeführt. Das Resultat: Resignation und der erneute Griff zum altbekannten Produkt, denn das Neue ist nach Aufklärung keinen Deut besser. Dafür teurer.

Professor Ortwin Renn, ein renommierter Risikoforscher, erklärte das Phänomen in klaren Worten in seiner Rede in Hamburg, die er im Rahmen des Zeit-Wissen-Nachhaltigkeitspreises hielt. Der Kunde würde gerne vertrauen, weiß aber nicht, wie – und vor allem nicht, wem.

Während eine Gruppe von Konsumenten sich entschließe, niemandem zu trauen, vertraue eine andere Gruppe blind einem Vertreter einer Wahrheit, bis diese nicht mehr haltbar ist. Die dritte Gruppe hingegen würde gerne vertrauen, habe aber erkannt, dass das Argument des Vertreters einer Wahrheit nicht nachvollziehbar ist.

»Da müssen dann periphere Merkmale her«, sagte Renn. Bei einer Talksendung zum Beispiel urteile der Zuschauer nach Äußerlichkeiten. »Der hat eine komische Krawatte an, dem kann man nicht vertrauen«, so Renn weiter. Der Konsument versuche sich durch Orientierung, die mit der eigentlichen Sache nichts zu tun habe, Basis für Vertrauen zu schaffen. Unsicherheit bleibt. Und mit der Unsicherheit der Stillstand und die Resignation seitens des Konsumenten. Darüber hinaus würde der Konsument Risiken und Situationen völlig überschätzen.

»Fragen Sie doch mal, wie viele Morde in Deutschland geschehen? Rein statistisch sind es 1,8 Tötungsdelikte täglich. Im TV hingegen werden jeden Tag durchschnittlich 55 Morde gezeigt. Der Befragte wird Ihnen eine Antwort geben, die näher an den Fernsehmorden ist als an den tatsächlichen!«

Fast schon lachen musste ich bei der Ausführung der durch den Konsumenten gezüchteten Risiken. »In Deutschland werden mehr Jodtabletten verkauft als in Japan nach Fukushima«, erläuterte der Risikoprofessor. Ohne Gluten und laktosefrei, klingelt's?

Besser kann man die derzeit herrschende Situation nicht analysieren, dachte ich mir. Wir überbewerten Risiken, sehen die eigentlichen nicht, züchten unsere eigenen Probleme, und am Ende resignieren wir.

Es ist für uns Kunden also wahrlich nicht einfach, herauszufinden, worauf ernsthaft Wert gelegt werden muss, um die Welt ein bisschen besser zu machen durch richtigen Konsum. Industrie und Handel verschleiern, wo es geht, und NGO und Politik malen schwarz-weiß.

»Und wenn wir uns einmal für einen Schritt in die nachhaltige Richtung entscheiden, dann lassen wir es am Ende doch, weil wir Angst vor den NGOs haben«, erklärte mir der CSR-Verantwortliche eines großen Konzerns. »Da sitzt du mit Greenpeace an einem Tisch, erzählst ihnen, was du vorhast, und dann sagt dir der Greenpeace-Chef: ›Nett! Aber viel zu wenig!‹«

»Wir können aber nicht alles auf einmal machen, und die NGO will alles oder nichts. Die denken nur in Kampagnen. Bevor wir dann wieder durch die Medien getrieben werden wegen Halbherzigkeit, lassen wir es!« Resignation also nicht nur beim Konsumenten, sondern auch in Teilen der Wirtschaft. Auch engagierte Beschäftigte im Handel ziehen am Ende den konventionellen Weg einem neuen, nachhaltigeren vor. Aus Angst vor NGO-Kampagnen.

In einer Vorlesung an der Augsburger Hochschule versuchte ich innerhalb eines Gastvortrags zum Thema »Nachhaltiges Unternehmertum« die Studenten aufzumuntern, bei aller Intransparenz und Kompliziertheit die Flinte nicht ins Korn zu werfen und sich weiter für ihr eigenes Konsumverhalten zu interessieren und es zu optimieren.

»Sie müssen echt Zeit haben, sich über alles im Einzelnen zu informieren«, entgegnete mir ein Student der Wirtschaftsinformatik im siebten Semester, »ich habe die nicht. Und wie mir geht es bestimmt verdammt vielen Kunden!«

Diese faulen Ausreden, diese vorgeschobenen Argumente, warum wir Zustände nicht ändern können, brachten und bringen mich mehr und mehr auf die Palme. Ziemlich erzürnt entgegnete ich dem jungen Mann: »Wenn man wirklich will, findet man Wege, sonst kracht uns die Kiste um die Ohren!«

Kurz & bündig:

Nie war eine Gesellschaft informierter als heute, und nie orientierungsloser. Wir dürfen nicht resignieren und müssen aufhören, vorgefertigten Meinungen, die meist dem Interesse von einzelnen Gruppen dienen, Glauben zu schenken. Wir müssen uns selbst in den betreffenden Bereichen einen Standpunkt erarbeiten – und diesen vertreten.

Weniger ist mehr!

Schau doch einfach mal die Entwicklung an«, sagt Kai, mein Textilfachmann von der Hochschule Reutlingen. »Es ist zum Haareraufen. Wir produzieren, um zu recyceln, statt dass wir Produkte fertigen, um sie möglichst lange zu nutzen!«

Er hat recht. Von zu vielen Seiten wird uns vorgegaukelt, wir müssten überhaupt keine Einschränkungen in der Quantität unseres Konsums hinnehmen, alleine intelligent in der Architektur und recyclebar müsste das Gut sein, welches wir kaufen. Wichtiger noch: zertifiziert. Mit Brief und Siegel. Denn: Zu viele leben von den Siegeln und Zertifikaten, mit denen sie der Wirtschaft helfen, sich mehr als grünzuwaschen. Das native Interesse dieser daraus entstandenen Zertifizierungsbranche ist also eine immer größere Produktion von Rohstoffen und Gütern, um immer mehr zum Besiegeln zu haben. Die Gelddruckmaschine der grünen Scheine ist angeschmissen und niemand möchte diese stoppen. Wer aber denken mag, meine These sei eine infame Unterstellung, darf sich nun ebenso wundern, wie ich es tat bei der Verleihung des Deutschen Fairness-Preises 2015 im Oktober in Frankfurt. Diesen erhielt ich für meine fünfjährige Art und Weise der fairen Wirtschaft.

Was die Veranstalter nicht wissen konnten: Nach einer amüsanten Laudatio des Zukunftsforschers Harald Welzer durfte ich mich ordentlich beschimpfen lassen. Von dem Gralhüter eines Siegels. In der Festaktspodiumsdiskussion behandelten wir das Thema »Nachhaltiger Konsum«. Professor Welzer und ich vertraten die einfache These des reduzierten Konsums.

»Wie oft soll ich es denn noch sagen?«, fragte Welzer in die Runde. »Wir müssen weniger konsumieren. Wir kommen nicht daran vorbei. Was ist daran bitte so schwer zu verstehen?«

Ich pflichtete ihm vollumfänglich bei. Das Publikum war unseren Argumenten gegenüber aufgeschlossen. Ganz im Gegenteil zu den anderen beiden Diskussionsteilnehmern: eine Dame von einer NGO und der Geschäftsführer von Ökotest, der Prüf- und Siegelbibel für nachhaltigen Konsum in Deutschland. Sie beide verteidigten das »Mehr, aber dafür besiegelt« lautstark und polemisch.

Selbst das Kopfschütteln im Auditorium hielt Jürgen Stellpflug von Ökotest nicht davon ab, sich um den besagten Kopf und Kragen zu reden. Während Professor Welzer sich schon mit dem Rücken zum Podium wandte, weil ihm die Diskussion zu absurd wurde, entschloss ich mich, noch einmal dagegenzuhalten.

Wer mich persönlich kennt, weiß, dass es mir irgendwann zu viel wird und ich das Wort ergreife. Kurz, aber schmerzvoll.

Ich sagte: »Liebes Publikum, rechts neben mir sehen Sie Vertreter der ökologischen Siegelwirtschaft, die hervorragend davon leben, den Konsum grünzuwaschen. Die wollen keine Änderung. Die haben keinen Bock, weniger Kasse zu machen! Die verarschen Sie lieber!«

Professor Welzer nickte. Die Antwort seitens Ökotest kam prompt: »Liebes Publikum«, äffte er mich süffisant nach, »links neben mir sehen Sie die Gutmenschen!«

Ein Raunen ging durch den Saal, der Professor echauffierte sich in hohem Maß über die Beleidigung »Gutmensch« und den zweifelhaften historischen Hintergrund des Wortes. Ich hingegen musste milde lächeln. Bis zu jenem Zeitpunkt war es eine These, dass diese Zertifizierungsfritzen nichts ändern wollen, weil sie verdammt gut am Papierproduzieren verdienen, an jenem Abend wurde die These zur Gewissheit.

Später am Abend durfte ich noch auf meiner Facebook-Seite einen Kommentar lesen, der meinen Eindruck bestätigte. Sigrid, selbst Gast beim Festakt, schrieb unter meinen Eintrag zum Thema »Ökotest-zertifizierte Gutmenschen« Folgendes: »Wie man sich so disqualifizieren kann! Ich bin heftig ins Grübeln gekommen, welche Fake-Zertifizierungen sich diese Öko-Einlullungs-Lobby noch einfallen lässt, um Menschen von radikalem Umdenken abzuhalten.«

Ich hätte es nicht schöner formulieren können. Und genau das ist es, was wir Konsumenten tun müssen, radikal umdenken und dann aber auch handeln: schlichtweg weniger konsumieren.

Kurz & bündig:

Wir kommen nicht drum herum: Wir müssen weniger konsumieren. Der ökologische Fußabdruck eines jeden Einzelnen ist zu groß. Und er würde nicht merklich kleiner, konsumierten wir in gleichem Maße »bio und fair«. Weniger, das ist alternativlos.

Vom quantitativen zum qualitativen Wachstum

Alles isch teurer gwora!«, klagt ein älterer Gast, vielleicht Mitte 70, am Stammtisch in der Gastwirtschaft meines Onkels.

»Das stimmt nicht«, halte ich dagegen. »Sehen Sie doch mal eine Semmel (Brötchen, für die Norddeutschen). Vor 25 Jahren haben wir 25 Pfennig bezahlt, heute 19 Cent!«

»Mädlä«, antwortet er. »Du moinsch doch koi Semmel, du moinsch den Dreck aus em Discounter! Des isch koi Semmel! So ebbs ißt ma id, do wirsch krank!«

Ganz so drastisch hätte ich es nicht formuliert, aber im Grunde genommen hat der ältere Herr recht. Das permanente Nach-oben-Schrauben an Produktionskapazität, das stete Mehr im Konsum, die blanke Konzentration auf quantitatives Wachstum hat die Qualität nicht nur in den Hintergrund treten lassen. In weiten Teilen ist sie gänzlich verschwunden – oder, noch perverser, überhaupt nicht mehr gewollt und wird im Entwicklungsprozess des Konsumguts bereits geplant zu Grabe getragen.

Viele Jahre habe ich in Zeiten meiner Beschäftigung als Beraterin in der Werbung für verschiedene Elektrogerätehersteller gearbeitet. Und ein Wort, bei welchem Hersteller auch immer, wurde großgeschrieben: Obsoleszenz. Das geplante Kaputtgehen von Produkten, obgleich sie noch länge funktionieren könnten.

Ganze Regiebücher wurden und werden in den Abteilungen Forschung & Entwicklung geschrieben, Selbstzerstörung des Produkts in mehreren Akten. »Mensch, mir ist letztens der Schaltknopf an meinem Rasenmäher kaputtgegangen«, verriet mir einst ein Bekannter. Meine Antwort darauf: »Mach dir nichts daraus. Ich kann dir jetzt schon verraten, wann das nächste Ding abfällt!«

Selbst in meiner Branche ist Qualität der schnelllebigen Masse gewichen. Ein hochwertig verarbeitetes Shirt aus einem langlebig konstruierten Gestrick zu bekommen ist unwahrscheinlicher als der besagte Sechser im Lotto mit Zusatzzahl. Es wird eingespart, wo es geht, zu Lasten der Qualität.

Wer nun glauben möchte, dass dies nur bei global gesourcten Produkten im niedrigen Preissegment der Fall wäre, täuscht sich. Selbst beim heimischen Autobauer, der Tausende Luxuskarossen täglich vom Band schiebt, bringt der künstlich auferlegte Preisdruck die Qualität um. Ein guter Freund von mir, Entwicklungsingenieur bei einem bayerischen Automobilhersteller, pflichtete mir bei: »Wir könnten längst Autos bauen, die niemals mehr rosten, kaum Sprit verbrauchen, und die du 50 Jahre ohne großen Verschleiß fahren könntest. Aber, wer will das schon? Wir brauchen doch Wachstum!«

Richtig ist, dass wir Wachstum brauchen. Diesmal aber: qualitativen. Wir müssen weg vom quantitativen hin zum qualitativen Wachstum. Unsere Großeltern wussten längst, was wir wieder lernen müssen: »Lieber weniger, dafür etwas Gutes!« Lieber sonntags ein Stück hausgemachtes Rauchfleisch von Onkel Martin als täglich 200 Gramm Industrie-Cervelat in der Folienverpackung.

Lieber ein schönes, hochwertiges und handgefertigtes Schmuckstück vom Goldschmiedemeister als pfundweise billig verpresstes Raubabbau-Silber aus Asien. Lieber ein langlebiges Hemd als Unmengen Fast Fashion für die Tonne.

Das alles ist weder ressourcenschonend (und darin sind wir uns einig, dass wir die verfügbaren Ressourcen deutlich effizienter und effektiver einsetzen müssen!), noch ist es wertschätzend gegenüber den Menschen, die unsere Konsumgüter herstellen und wertschöpfen.

Keine Näherin auf dieser Welt hat Freude daran, ein Kleidungsstück zu nähen, ihre Kraft und Handwerklichkeit, möglicherweise sogar noch die »Liebe ins Detail« zu stecken, wenn das Stück anschließend nicht einmal gewaschen wird, sondern nach einmaligem Tragen direkt achtlos in den Mülleimer wandert.

Keinen Metzger erfüllt es mit Zufriedenheit, wenn sein Produkt, für das er ein Tier geschlachtet hat, zur Hälfte weggeschmissen wird.

Ja, selbst ich kann mich erinnern, wie ich mich fühlte, wenn ich Werbekonzepte mit viel Hirnschmalz und Leidenschaft kreierte, die der auftraggebende Marketingvorstand anschließend mit einem abwinkenden »Wir sind noch nicht so weit« oder »Völlig am Markt vorbei« in das Null-Device gewunken hat.

Um Qualität wieder zu entdecken, müssen wir uns auf den Weg machen, wieder ein Qualitätsverständnis zu entwickeln. Dabei wird es nicht reichen, das tradierte Bild vom »Besser« zu reanimieren. Dieses nämlich bezog sich weitestgehend auf das Produkt selbst. Heute aber, in globalisierten Zeiten, wissen wir, dass selbst das beste Produkt eine bescheidene Wertschöpfungsgeschichte aufweisen kann. Die Qualität eines Konsumguts muss sich also auszeichnen durch die überzeugende Eigenschaft des Produkts selbst, in gleichem Maße jedoch auch durch eine umweltverträgliche Herstellung und eine menschenwürdige Wertschöpfung. Dann ist es besser. Und das brauchen wir dringend.

Auch Hendrik Haase alias »Wurstsack« ist Vertreter dieser Haltung. Er selbst bezeichnet sich als kulinarischer Aktivist, schreibt Bücher über handwerkliche Kulinarik und ist im Auftrag des guten Metzgerhandwerks, der aussterbenden Branche in Deutschland, unterwegs. Jahrelang kämpfte er aktiv gegen die Zentralisierung, Internationalisierung und Industrialisierung des Schlachterhandwerks. Aber auch er musste sich eingestehen, dass alles Reden nicht hilft.

»Die Menschen kaufen nur noch industrielles Zeug aus Großkonzernen. Das ist der Ausverkauf des Metzgerhandwerks!«, sagte Haase. Und so ließ er das Reden für einen Moment sein und handelte: Er eröffnete zusammen mit einem Freund im November 2015 eine gläserne Metzgerei, mitten in Kreuzberg. In jenem Berlin, der Millionenstadt, in der heute gerade einmal acht Metzgersgesellen jährlich ihren Abschluss erhalten. Kumpel & Keule heißt sein Projekt, zusammen mit einem echten Metzgerfreund will er wieder Qualität und Transparenz in den Markt bringen. Das Konzept scheint aller Unkenrufe zum Trotz aufzugehen, im Januar 2016 konnten bereits neue Metzger eingestellt werden. Und bald vielleicht gibt es wieder eine ganze Berufsschulklasse – in Berlin. Dank Kumpel & Keule.

»Um Qualität wiederzuerkennen, muss man wissen, wie sie hergestellt wird«, so Haase.

Recht hat er. Wir alle müssen Qualität wieder lernen. Und schätzen lernen. Dann wird es besser.

Kurz & bündig:

Wir brauchen Wachstum, denn Wachstum bedeutet Entwicklung und Innovation. Aber wir brauchen es in besser: Wir müssen wieder vor allem gute Produkte herstellen und konsumieren, nicht viele. Wir müssen das Augenmerk auf Langlebigkeit legen und nicht auf »öfter mal was Neues«. Wir müssen unser Konsumverhalten radikal ändern.

Wirtschaft muss schrumpfen

Manchmal bringt uns ein Schritt zurück zwei nach vorne. Neben »weniger« und »besser« ist es der Schritt »kleiner«, den wir gehen müssen. In den vergangenen Jahrzehnten wurde das Konzept der globalisierten Wirtschaft auf die Spitze getrieben. Immer billiger, immer mehr und von immer weiter weg kommen unsere Konsumgüter. Machen wir uns nichts vor: Heute diktieren weltweit agierende Konzerne die gesamten Märkte. Ganze Staaten haben sich in direkte Abhängigkeit von den Global Players begeben.

So ist es nicht verwunderlich, dass auf politischer Ebene keine konsequenten Entscheidungen für eine nachhaltigere Welt getroffen werden, denn die Politik ist sich um ihre parasitäre Position beim Wirt Wirtschaft mehr als bewusst. Die Konzerne agierten und agieren also weiterhin unter dem Motto: »Es ist uns egal, wer unter uns Kanzler ist!« Und ist eine politische Entscheidung einmal nicht nach Geschmack der Wirtschaft treibenden Spezies, wird das Schiedsgericht bemüht und der Staat verklagt. Mit besten Aussichten auf Erfolg.

Auch Deutschland kann sich schlichtweg nicht mehr selbst versorgen und muss einen Großteil der Grundgüter importieren. Gesetzt den Fall, es käme in Ländern, die für unseren Konsum hart arbeiten, zu Kriegen, Streiks oder Umweltkatastrophen, wäre die Grundsicherung in unserem eigenen Land auf wackeligen Beinen.

»Selbstverständlich könnten wir mit dem Arbeitskraftpotenzial, das in Deutschland gegeben ist, jeden ordentlich einkleiden. Früher ging das ja auch. Da gab es 200, 300 mittlere Nähereien und Zwischenmeister, und der Markt war stabil. Aber Mode im heutigen Umfang und in der Mengenzahl ist schlichtweg nicht zu machen«, erklärte mir ein BWL-Professor.

Die Frage, die sich mir stellt: Muss es Massenmode sein? Wenn wir an die Schrankleichen mit Hemdenkragen denken, die unzähligen Teile, die gekauft, aber nie getragen werden, dann dürfte die Antwort ein klares »Nein« sein.

Die Herrschaft großer, multinationaler Konzerne hat jedoch viel mehr kaputt gemacht als »nur« unser gesundes Konsumverhalten.

Reiche Konzerne großer Industriestaaten diktieren heute über arme Länder. Zwar hat es den Anschein, dass die Welt durch globale Beziehungen zum Dorf wurde und mehr und mehr Gleichheit herrscht, die Handlungskreise immer kleiner wurden, obgleich der Radius immer größer ist. Mit ganzer Geldmacht aber greifen Konzerne die Märkte von Entwicklungs- und Schwellenländern an und zerstören intakte, lokale Marktstrukturen. Blindes Wachstum. Und nicht endende Konsumlust.

Wir echauffieren uns gegenüber diesen internationalen Kapitalkraken wie beim geschilderten Beispiel Nestlé. Lebensnotwendige Rohstoffe, allen voran Wasser, als Handelsgut zu deklarieren und ein fettes Geschäft daraus zu machen ist für uns nicht (mehr) moralisch vertretbar. Wir alle wissen mittlerweile, dass globale Konzerne sich die Welt nicht aus Menschenliebe unter den ökonomischen Nagel reißen, sondern schlichtweg aus Gier.

»Aber was soll man machen? Man ist so hilflos!«, ist in Gesprächen über Alternativkonzepte oft zu hören. Hilflos sind wir nicht, allenfalls zu faul. Zu bequem, unser Handeln ernsthaft zu ändern. Wer hindert uns denn daran, statt Perrier und Pellegrino zum heimischen Sprudel zu greifen? Wer verbietet uns, regionalen Dinkel kleiner Hersteller statt Frühstücksflocken amerikanischer Großkonzerne zu essen? Wer rät uns davon ab, die liebevoll geröstete Bohne zu kaufen anstelle der Schweizer Kaffeekapsel? Niemand. Wir selbst sind es, die nicht aus den festgefahrenen Konsummustern kommen.

»Du hast schon recht, Sina«, sagte meine Freundin zu mir. »Wir kriegen jeden Konzern klein. Wir müssen den Scheiß nur nicht mehr kaufen!«

Genau dieses. Und dieses »kleiner« brauchen wir dringend. Zu sehr zerstörten und zerstören Konzerne weltweit Individualität und Werte. Fachleute sprechen von »Kulturverlust«.

Globalisierte Konzerne übersäen mit ihren im Erscheinungsbild überall gleich aussehenden Filialen Kultur und Tradition in den einzelnen Ländern und Regionen mit dem Ziel, dem Kunden einen international standardisierten Lebensstil als erstrebenswert vorzutäuschen. In Wahrheit aber führt dieser weltweit gepflegte Markenstandard eines Global Players zu nichts anderem als zu regionalem Identitätsverlust für Kunden und Konsummärkte bei maximalen monetären Gewinnen für Konzerne und Aktienmärkte.

Aber nicht nur Kunden müssen aus der Konsum-Komfortzone heraus und mit dem Griff zum richtigen Produkt die globale Wirtschaft gesundschrumpfen, auch Zulieferer großer, international agierender Konzerne sind aufgefordert, sich aus der Zwangsjacke zu befreien.

»Das ist fast nicht möglich«, erklärte mir der Landesgeschäftsführer von Bioland in Bayern, Josef Wetzstein. Als Grund verwies er erneut auf die Frische-Falle Milch: verderbliche Ware als realisierter Verlust, wenn sie nicht umgehend weiterverarbeitet und vermarktet würde. Deshalb wäre der Verkauf an große Molkereien und durch diese an die großen Discounter auch Usus.

Diese bequeme Vermarktungshaltung bringt aber niemanden weiter. Vor allem diejenigen nicht, die angetreten sind, um die Wirtschaft ökologischer und fairer zu gestalten. Und: Komischerweise scheint es für Milchwirtschafter sehr wohl möglich, sich aus den Fängen großer Konzerne zu befreien. Frische-Falle hin oder her.

»Kleine Biobauern geben Großkonzern Emmi den Laufpass«, titelte der Schweizer *Tagesanzeiger* im Juli 2015. Im Artikel erfuhr man von Fabian Brandenberger und Anita Triaca, die ihre Milch nicht mehr für einen riesigen Konzern produzieren wollten, der sie von einem anonymen Tanklastwagen abholen lässt. Und der auf dem Weltmarkt bestehen muss, wo sich kein Mensch mehr dafür interessiert, wo diese Milch herkommt. Sie entschieden sich für eine neuartige Milchkooperative und verarbeiten die Milch selbst, statt sie für einen Spottpreis an die großen Verarbeiter-Unternehmen zu liefern.[*]

Das gute Beispiel geht voran, wenn wir wollen. Und diesem müssen wir endlich folgen. Als Kunde wie Her-

---

[*] www.tagesanzeiger.ch/zuerich/region/Kleine-Biobauern-geben-Grosskonzern-Emmi-den-Laufpass/story/23702880

steller. Dafür wird der scheinbar mühsame Weg belohnt: mit mehr Vielfalt, wiedererfundener und erstarkender Kultur sowie einer höheren Stabilität und Unabhängigkeit in der Ökonomie. »Kleiner« ist einfach gesünder.

Kurz & bündig:
Vielfältiger, individueller, stabiler – das alles erreichen wir nur in einer Wirtschaft, die nicht von großen, globalen Konzernen diktiert, sondern von vielen, kleineren, regionalen Betrieben gestaltet wird. Das brauchen wir für einen Neuanfang in unserem Wirtschaftssystem.

Regionale Wertschöpfung

Weniger, besser und von kleineren Anbietern – so lautet mein Rezept für eine Wirtschaft, die unsere Zukunft stabil in einer sozialen (Welt-)Gemeinschaft tragfähig gestalten würde. Jedoch nützt alles nichts, wenn dem gesamten Handeln keine Glaubwürdigkeit zugrunde liegt. Diese kann ausschließlich durch Transparenz erfolgen. Einen glaubwürdigen Durchblick in Wertschöpfungsketten hingegen kann man dem Kunden nur vermitteln, wenn sie kurz sind. Und in der Nähe.

»Aus der Nordsee, auf den Kühllaster und ab in unsere Frischetheke«, schildert der CSR-Verantwortliche eines großen Handelskonzerns, »das sind Ketten, die mit Sicherheit auch von unserer, also Handelsseite, garantiert werden können, weil die Kette kurz ist und leicht verständlich. Bei einem Textil sieht es völlig anders aus! Da kann niemand garantieren, dass alle Einzelteile sauber hergestellt werden, weil sie dreimal um den Erdball geschaukelt wurden! Da werden Papiere unterschrieben, dass gewisse Standards eingehalten werden, aber wirklich garantieren kann das niemand. Dazu müssten staatliche Gesetzesgrundlagen im jeweiligen Herstellungsland und einhergehende Kontrollen erfolgen. Das aber ist utopisch!«

Exakt dieses, nämlich glaubwürdige Transparenz nachvollziehbar und erlebbar für Konsumenten, war einer der Gründe, warum ich mich der regionalen Wertschöpfungskette verschrieben habe und mit manomama im eigenen

Land Bekleidung wertschöpfe. Vom Garn bis zur Naht hergestellt in Deutschland, selbst Reißverschluss und Knopf, Nähfaden und Einlage.

Der vermeintliche Standortnachteil Deutschland, nämlich hohe Löhne verglichen mit Südostasien und immense Umweltauflagen sowie strikter Jugendschutz sind in meinen Augen klare Vorteile. Ich brauche keinerlei Zertifikate, die mir bestätigen, dass Kinderarbeit in meiner Näherei verboten ist, denn das Jugendschutzgesetz (und nicht zuletzt unsere moralische Haltung) verhindert das Ausbeuten von Kindern. Was man hingegen wissen muss: Selbst bei GOTS, dem weltweit populärsten ökofairen Standard in der Textilbranche für nachhaltige Textilien, heißt es unter der Überschrift »Keine Kinderarbeit« (nur lesen leider so wenige mehr als die Headline): »Es dürfen keine Kinder neu eingestellt werden.« Die bisherig beschäftigten Kinder sollen in von der Firma zu entwickelnden Programmen eine Chance auf Entwicklung erhalten, um eine Ausbildung beginnen zu können.

»Klingt wie im Märchen, ist es auch«, bestätigte mir ein Branchenkenner, der sehr viel in betroffenen Ländern als Produktionsscout unterwegs ist. »Solange Firmen selbst dafür verantwortlich gemacht werden, das selbstgezüchtete Übel aus eigener Tasche zu beseitigen, wird sich da nicht viel tun. Die sperren die Kinder weg, wenn der Kontrolleur kommt, und holen sie wieder raus, wenn er weg ist. Gesetzliche Rahmenbedingungen müssen her – und starke Gewerkschaften!«

Beides wird in zahlreichen Herstellungsländern, aus denen wir unseren billigen Konsum erhalten, konsequent verhindert. Und so klingt die gesamte Schilderung mehr als rund. Ebenso meine Annahme, dass ein transparenter Hersteller, der regional wertschöpft, keine Zertifikate braucht. Bestätigung fand meine Mutmaßung erst vor kurzem: Die Online-Plattform für nachhaltigen Konsum gab einen Denim-Ratgeber heraus. Innerhalb einer Kaufempfehlungsliste wurden zertifizierte, international agierende Textilunternehmen aufgeführt, die mittels Siegel nachweisen konnten, dass sie besser produzieren lassen als der konventionelle Rest. Auch manomama war aufgeführt. Ohne Siegel. Dafür mit folgendem Satz: »Manomama wirtschaftet so ökologisch, sozialverträglich und transparent, dass wir die Produkte auch ohne Zertifizierung für empfehlenswert halten.«

Werden Produkte in einer regionalen Wertschöpfungskette hergestellt, fällt auch die mit der Globalisierung einhergehende Diskussion um Dumpinglöhne unter den Tisch. In Europa gelten in 22 von 28 Mitgliedstaaten gesetzliche Mindestlöhne. Nur in Dänemark, Finnland, Italien, Österreich, Schweden und Zypern gibt es bislang keinen branchenübergreifenden gesetzlichen Mindestlohn. Wer also in einem Land wertschöpft und somit die gesetzlichen Rahmenbedingungen anerkennt, gibt Konsumenten die Sicherheit eines Mindestmaßes an sogenannter »ordentlicher Arbeitsbedingung«.

Ein weiterer Vorteil der regionalen Wertschöpfung ist das oftmals vergessene Umweltdumping, das mit der globalisierten Herstellung von Konsumgütern einhergeht. Unter Umweltdumping versteht man die Verlagerung der Produktion aus Ländern, in denen strenge Umweltauflagen herrschen, in solche, die den Umweltschutz (noch) nicht oder nicht ausreichend auf der Agenda haben. Durch laxe Regeln lassen sich für Konzerne Milliarden an Dollar einsparen. Auf der anderen Seite müssen Mensch und Umwelt in den jeweiligen Ländern bitter bezahlen.

Der rücksichtslose Raubbau an der Natur nimmt mittlerweile bizarre Züge an und verschlimmert die Situation erneut: So scheint es in China aufgrund der jahrelang völlig unkontrollierten Umweltverschmutzung nicht mehr möglich, schadstofffreies Milchpulver für die Babynahrung zu erzeugen. Zudem wird, darf man den zahlreichen Meldungen Glauben schenken, im Land des Lächelns gepanscht, was der Kessel hält. Zu sehr haben die Globalisierungsgewinner, die längst in noch billigere Produktionsländer gezogen sind, das Land an den Rand des »Pollution-Gaus« gebracht und gleichzeitig das Handwerkszeug des globalisierten Kapitalismus dagelassen. China investiert nun in die Milchpulvererzeugung in der Normandie in Frankreich und importiert das weiße Pulver. Schließlich muss heutzutage nur die reale Logistik, nicht aber die Umweltverschmutzung durch lange Wege bezahlt werden.

Die Liste der Vorteile, die eine regionale Wertschöpfung mit sich bringt, ist lang: das Vermeiden von Importkosten, Umweltschutz durch kurze Wege, Steuereinnahmen dort, wo wertgeschöpft wird, das Schaffen und Erhalten von Arbeitsplätzen und dank der Nähe: eine glaubwürdige Transparenz. Man könnte fast behaupten, eine Win-win-Situation für alle. Das aber stimmt nicht. Die globalen Absahner würden verlieren. Aber wäre dies so schlimm?

Ich gehe gerne noch ein Stück weiter: Eine Abkehr von der globalisierten Wertschöpfung hin zu einer Produktionskette, die sich in überschaubarem Rahmen, ja regional oder sogar lokal abspielt, würde nicht nur die Entwicklung einer vertrauenswürdigeren Wirtschaft bedeuten.

Wenn wir uns an das Beispiel Indiens als Food-Exporteur erinnern, während im Erzeugerland das Volk verhungert, oder aber die lokalen afrikanischen Agrarmärkte ins Gedächtnis rufen, die durch den Export unserer europäischen wie auch südamerikanischen Schlachtabfallexporte Tag für Tag mehr zerstört werden, traue ich mich zu behaupten: Die wieder erstarkte Konzentration auf regionale Wertschöpfungen würde sich friedenstiftend in den jeweiligen Ländern auswirken.

Ein regionaler Energieversorger aus meiner Heimat hat einen wunderbaren Werbeslogan. »Von hier. Für uns.« So muss es sein. Und die Rohstoffe, die wir »hier« nicht bekommen und »dort« einkaufen müssen, müssen respektvoll behandelt werden. Auf Augenhöhe mit dem Erzeuger. Leben, um leben zu lassen.

Kurz & bündig:
Wir brauchen ein Wiedererstarken regionaler Märkte und Wertschöpfungsketten. Diese Entwicklung dient dem Umweltschutz, stabilen regionalen Märkten, schafft Glaubwürdigkeit und Transparenz und macht nur denen zu schaffen, die global auf großer Giertour sind: internationalen Großkonzernen. Wir müssen regional kaufen und unsere eigene Wirtschaft gestalten!

Gutes wieder zur Norm machen

Weniger, besser, kleiner ist mehr! All die vorangegangenen Bausteine sind von jedem Einzelnen in der Konsumkette, vom Hersteller, Händler wie vom Konsumenten zu realisieren. Doch, und das zeigte und zeigt die Erfahrung bezüglich der Bemühungen in den letzten Jahren – ohne Anreize für jeden herrscht Stillstand. Einmal also muss die Politik ran und gesetzliche Rahmen als Anreize schaffen. Dabei dürfen Anreize nicht kontraproduktiv sein. Abwrackprämien zum Beispiel sind völlig irrsinnig und gehen oftmals mit dem viel gefürchteten Rebound-Effekt einher. Anstelle einer Verbesserung tritt nach Umsetzung der Maßnahme eine Art Bumerangeffekt ein.

So hat zum Beispiel die argentinische Regierung beschlossen, eine Art »Abwrackprämie« für alte, stromfressende Klimaanlagen zu bezahlen. Die argentinischen Kunden freuten sich und nahmen großzügig das Angebot in Anspruch. Die Idee war seitens der Regierung gut gemeint: weniger Energieverbrauch durch den subventionierten Tausch alter Geräte durch neue, effizientere.

Was aber ist passiert? Die Kunden kauften das Gerät. Während die alten Stromfresser aus Kostengründen nur zu besonders heißen Stunden liefen, schalteten sie die neuen, intelligenten Stromsparwunder nicht mehr aus. Unterm Strich hat also die Abwrackprämie dazu geführt, dass nicht nur immens viele Ressourcen bei der Herstellung neuer Geräte verbraucht wurden, sondern dass sich der Stromverbrauch zudem erhöht hat. Dafür herrschte nun 24 Stunden lang in argentinischen Häusern wohltemperiertes Klima. Der Einzigen, der diese Maßnahme genutzt hat: der Wirtschaft, die sich über garantierten Zusatzumsatz freute.

Als Anreiz muss also dieses eine Mal seitens der Politik das Richtige gemacht werden: Konsumgüter, die ökologisch, regional und unter sozial einwandfreien Bedingungen wertgeschöpft werden, müssen zur Norm werden. Denn: Wer heute bereits in dieser Art wertschöpft, hat den Nachteil, dass sein Produkt immer teurer ist als ein unsauber und konventionell gefertigtes. Wenn ökosozial und regional per Gesetz als Standard definiert werden würde und im Umkehrschluss Produkte, die Raubbau an Mensch, Tier und Umwelt begehen, klar auf der Umverpackung deklariert werden müssten, wäre ein erster Schritt getan. Auf einem Discounter-Brot müsste dann stehen, dass der Roggen gespritzt und die Böden dadurch unwiderruflich geschädigt werden. Dass der Tiefkühl-Backling aus China kommt und auf dem Weg bis zu uns soundso viel CO_2 anfällt.

Das, was in der Deklaration erklärt wird, würde sich im Preis niederschlagen. Denn, diese Kosten kann man nicht mehr abwälzen. Ein positiver Effekt würde eintreten: »Gute« Produkte und konventionelle Konsumgüter wären annähernd gleich teuer, und der Schnäppchenkunde stünde vor einer anderen Entscheidung: Nicht mehr der Preis, sondern die Herstellung würde entscheiden.

Darüber hinaus würden mittelfristig durch den Zuwachs der Produktion »guter« Güter die Kosten dieser Produkte gesenkt (Economy of scales), die konventionellen Güter hingegen immer teurer, so dass es sich selbst für Nestlé irgendwann lohnen würde, seine Fische nicht mehr von kambodschanischen Zwangsarbeitern in Thailand fangen und verarbeiten zu lassen.[*] Es würde den Konzern zu viel Strafe kosten.

Es klingt so einfach für eine bessere Wirtschaft, in der niemand mehr fairarscht wird: weniger, dafür besser und von kleineren Herstellern. Regionale Wertschöpfung muss den Globalisierungswahn ablösen. Verschleierung der Produktionswege muss durch Transparenz abgelöst werden. Das alles wird aber nichts ohne jeden Einzelnen!

»Was kann ich als Einzelner schon ändern?«, fragt sich die Menschheit.

»Alles«, sagt die Zuversicht.

Kurz & bündig:

»Fair«, »bio«, »öko« – wer nach diesen Attributen wertschöpft oder konsumiert, darf nicht länger durch einen tieferen Griff in den Geldbeutel »bestraft« werden. Wir brauchen politische Regelungen und Gesetze, die den Raubbau an Mensch und Natur ahnden und nachhaltiges Wirtschaften fördern.

[*] www.deutschlandfunk.de/nestle-lebensmittelkonzern-raeumt-zwangsarbeit-in-thailand.447.de.html?drn%3Anews_id=550221

Epilog

Seit nunmehr fünf Jahren vertrete ich eine andere Art Wirtschaft. Die kleinen Schritte, die gemeinsam mit vielen Menschen gemacht werden können, motivieren mich und lassen mich weitermachen. Die großen Worte der Kritiker nagen an mir. Immer und immer wieder. Es gibt viele Dinge, die ich kann. Eines hingegen überhaupt nicht: aufgeben.

An besonders anstrengenden Tagen schreibe ich Fabeln und Märchen. Und an Tagen, an denen ich kurz vorm Aufgeben bin, lese ich sie. Wie die Fabel vom Arschloch. Dann geht es wieder.

Die Fabel vom Arschloch
Tagtäglich sorgte die Wanderameise dafür, dass die Kornkammern ihrer Könige und Königinnen gut gefüllt waren. War es ein schlechtes Jahr, so verteilte sie die Ernte nicht unter allen, sondern servierte den Adligen und dem engsten Hofstaat – wie immer – ein opulentes Mahl, das niedere Volk aber versorgte sie mit wenigen Körnern. Gerade genug, um über den Winter zu kommen. Das Ameisenvolk widersprach nie. Schließlich war es gewohnt, die meiste Arbeit zu verrichten und den geringsten Ernteanteil zu erhalten. Weil die Wanderameise aber ihre Arbeit in den Augen der Könige stets hervorragend verrichtete, durfte sie am Tisch der Adligen speisen, ihren Wein trinken und ihre Musik hören.

»Du ausbeuterisches Arschloch«, schrien die Ameisen vom Nachbarhügel. »Du lässt dein Volk verhungern, und die Könige werden immer fetter!«

Die Stimmen wurden wachsend lauter, und die Jahre zogen dahin. Die Ernten entwickelten sich stets schlechter, und es kam der Tag, an dem die Wanderameise entschied, den Königen nicht mehr zu dienen, nicht mehr mit ihnen zu essen und das Volk nicht mehr zu missachten. »Ich muss selbst Königin werden«, dachte sie und begann, ihre Idee in die Tat umzusetzen.

Sie baute einen Hügel, organisierte Ernten und verteilte das gesammelte Gut gerecht unter den Helfern. Sie selbst könnte noch ein, zwei Jahre von ihrem ehemals angefressenen, dicken Ranzen zehren, dachte sie sich – und entsagte dem Mahl. Sie ließ nicht ernten, sondern stand jeden Tag mitten unter den Helfern und trug gemeinsam mit ihnen die Früchte in den Bau.

»Du pseudosoziales Arschloch«, schrien die Ameisen vom Nachbarhügel. »Du magst deinem Volk ausreichend zu essen geben, aber du bist jetzt ein König. Und Könige sind verlogen und schlecht!«

Die Stimmen wurden lauter, und die Jahre zogen dahin. Die Ernten wurden besser, und die Königin bat darum, schwache Ameisen aus anderen Völkern aufzunehmen. »Ich habe Kraft und Talent. Ich muss mehr tun, als nur meinen kleinen Hügel über den Winter bringen«, dachte sie und begann, ihre Idee in die Tat umzusetzen.

Sie traf sich mit anderen Königen und Königinnen und erzählte von ihrem Hügel, kämpfte unermüdlich dafür, dass jede Ameise im Staat eine ausreichende Grundration an Körnern bekam, und nutzte jede Gelegenheit, *ihre Ideen für eine neue Welt unter die Ameisen zu bringen.*

»Du selbstgefälliges Arschloch«, schrien die Ameisen vom Nachbarhügel. »Du magst Hunger gelindert haben und kein typischer König sein, aber dass immer mehr Menschen auf deine dummen Ideen hereinfallen, geht uns gehörig auf die Nerven!«

Wie sie es anstellte und was auch immer sie tat, sie wurde begleitet vom Geschrei der Ameisen vom Nachbarhügel. Die Königin öffnete das Fenster und rief zu den Ameisen hinüber: »Sagt mir, was ihr besser machen würdet?« Auf eine Antwort wartet sie noch heute.

Wer ausschließlich über andere spricht, hat selbst nichts zu sagen. Das ist das selbst ausgestellte Armutszeugnis fauler Ameisen vom Nachbarhügel.

Lasst uns nie aufgeben. Es lohnt sich.

Dank

Mein Dank gilt zwei Männern mit stahlharten Nerven.

Zum einen meinem besten Freund »Schätzle« Jürgen, der mich immer wieder motiviert, aufrichtet und meinen Schreibblockaden mit Arschtritt und Weißwein Abhilfe schafft.

Zum anderen gilt er Stefan Ulrich Meyer, weil er mit einzigartigem Humor meiner kreativen Planlosigkeit begegnet und durch seine Geduld aus dem Cover doch noch ein Buch wurde.

Darüber hinaus gilt mein herzlicher Dank Nadine Lipp für das konstruktive Lektorat sowie Sibylle Dietzel für die Herstellung.

Ebenso möchte ich allen danken, den namentlich Erwähnten wie den »ohne Namen« Zitierten, die mir in persönlichen Gesprächen aufs offenste begegneten und so zum Gelingen des Buches mithalfen.

Zuletzt möchte ich all meinen Ladys & Gents von manomama danken. Für den Freiraum, den sie mir gewähren, damit ich solche Sachen machen kann wie schreiben.

Danke.

Sina Trinkwalder

Wunder muss man selber machen

Wie ich die Wirtschaft auf den Kopf stelle

»Sina Trinkwalder ist definitiv eine Frau
für die Zukunft.«   *Emotion*

»Ich wollte versuchen, meinem Sohn und seiner Generation das zu geben, was in meiner Kindheit noch einigermaßen in Ordnung war: eine Welt, in der nicht nur Geld
und Gier zählten. Ein zwischenmenschlicher Umgang,
der fair und ehrlich war. In einer Umwelt, die zumindest
einigermaßen an das erinnert, was ich sehe, wenn ich die
Augen schließe. Ich will die Welt verbessern.« *Sina Trink-*
walder

»Sie ist das, was man eine Vorzeigefrau nennt:
visionär, kreativ, sozial engagiert. Und stur.«
                    Hessischer Rundfunk

Hans-Ulrich Grimm

Die Fleischlüge

Wie uns die Tierindustrie krank macht

Was alles schiefläuft zwischen Stall und Pfanne

Fleisch ist reich an Eiweiß, Mineralien und anderen wertvollen Bestandteilen. Vergleichbares gilt für Milch, Eier und Fisch. Doch zu viel davon schadet. Herzkrankheiten, Krebs, Alzheimer und Diabetes sind nur einige der Gesundheitsfolgen.

Und nicht nur die Mengen an tierischen Lebensmitteln, die wir verzehren, sind ein Problem. Denn der überwiegende Teil unserer Nahrungsmittel stammt aus industrieller Erzeugung: Auf Leistung gezüchtete Rassen, aufgezogen mit chemisch angereichertem Futter, routinemäßig mit Medikamenten behandelt, liefern Lebensmittel von bedenklicher Qualität.

Hans-Ulrich Grimm prangert die ökologisch und ethisch himmelschreienden Machenschaften der Tierindustrie an und plädiert für mehr Respekt vor dem Tier – und einen reduzierten und genussfreudigen Umgang mit Fleisch, Fisch und Co.